中华茶道
修身养性、品味人生、享受茶文化的精神内涵
李楠／主编
辽海出版社
贰

客家擂茶茶艺

“擂茶”是我国客家人最普通，也是最隆重的待客礼仪，同时还是居住湘、川、黔、鄂四省交界的武陵山区土家族人最珍爱的保健饮料。

擂茶也称为“三生汤”，此名的由来有不同的说法。说法之一是：因为擂茶在初创时所用的主要原料是生叶（嫩茶叶）、生

姜、生米混合研捣成糊状物，然后加水煮沸或用沸水冲熟而成，三种主要原料都是生的，故名“三生汤”。说法之二是：在三国时，张飞曾带兵进攻武陵壶头山（今湖南省常德市境内），当时正值炎夏酷暑，加上那一带瘟疫蔓延，使得张飞的军队多数人都染疾病倒，连张飞本人也未能幸免。正在危难之时，附近的一位老中医有感于张飞部属军纪严明，对老百姓秋毫无犯，所以献上擂茶的祖传秘方并为张飞和他的部下治好了病。张飞感激万分，称老汉为“神医下凡”，并说能得到他的帮助“实是三生有幸”！从此以后，人们也就把擂茶称为“三生汤”。擂茶的制法和饮用习俗，随着客家人的南迁，逐步传到了闽、粤、赣、台等地区并得到改进和发展，形成了不同的风格。

一、茶具组合

擂钵一个（内壁有辐射波纹，直径约45厘米的厚壁硬质陶盆），油茶树或山苍子木制的2尺长的擂棍一根，竹篾编制的“捞瓢”一把，以上称为“擂茶三宝”。另配小桶、铜壶、青花碗、开水壶等。

二、配方及功效

武夷山客家擂茶的基本配方为芝麻、茶叶、甘草、橘皮等。其中橘皮可理气调中，止咳化痰。甘草味甜，有润肺止咳和解毒作用。《神农本草》记载：“服食芝麻可助五内、益气力、长肌肉、填髓脑。”近代医学研究认为芝麻性甘平，有润肠通便、补肺益气、助脾长肌、通血脉、美容养颜的功效。茶叶可怡神悦志，去滞消食。用上述原料配伍，制成的擂茶清香可口，且有强身健体、美容养颜、抗衰老等功效，在擂茶流传的地区，通常疾病少，寿星多。

三、基本程序

1. 涤器——洗钵迎宾；　2. 备料——群星拱月；

3. 打底——投入配料；　4. 初擂——小试锋芒；

5. 加料——锦上添花；　6. 细擂——各显身手；

7. 冲水——水乳交融；　8. 过筛——去粗取精；

9. 敬茶——敬奉琼浆；　10. 品饮——如品醍醐。

四、解说词

“莫道醉人惟美酒，擂茶一碗更深情。美酒只能喝醉人，擂茶却能醉透心。”客家擂茶在古朴醇厚中见真情，在品饮之乐中使人健体强身，延年益寿，所以被称为茶中奇葩、中华一绝。

第一道程序：“洗钵迎宾”

客家人的热情好客是举世闻名的，每当贵宾临门，我们要做的第一件事就是招呼客人落座后即清洗“擂茶三宝”，准备擂茶迎宾。擂钵是用硬陶烧制的，内有齿纹，能使钵内的各种原料更容易被擂碾成糊。擂棍必须用山茶树或山苍子树的木棒来做，用这样的木质擂出的茶才有一种独特的清香。用竹篾编的“笊篱”是用来过滤茶渣的。

第二道程序：“群星拱月”

山里人有一个非常好的传统：一家的客人也就是大家的客人，邻里的朋友就是自己的朋友。所以，一家来了客人，邻居们见到都会拿出自己家里最好吃的糕点和小吃，来主动参加招待。在这里，你一定会感到如群星拱月一样，被一群热情好客的主人“包围”着。

第三道程序：“投入配料”

我们也称之为“打底”。茶叶能提神悦志，去滞消食，清火明目；甘草能润肺解毒；陈皮能理气调中，止咳化痰；凤尾草能清热解毒，防治细菌性痢疾和黄疸型肝炎。“打底”就是把这些配料放在擂钵中擂成粉状，以利于冲泡后被人体吸收。

第四道程序：“初擂”

一般是由主人表现自己的擂茶技艺，所以称为“小试锋芒”。“擂茶”本身就是很好的艺术表演，技艺精湛的人在擂茶时无论是动作，还是擂钵发出的声音都极有韵律。这种声音时轻时重，时缓时急，像一首诗，像一首歌，这代表着我们对客人的光临表示最热烈的欢迎！

第五道程序：“添料”

即将芝麻倒进擂钵与基本擂好的配料混合。芝麻含有大量的优质蛋白质、不饱和脂肪酸、维生素 E 等营养物质，可美容养颜抗衰老，加入芝麻后，擂茶的营养保健功效更显著，所以称为“锦上添花”。

第六道程序：“细擂”

这一道程序重在参与，每个人都可以一展自己的擂茶技艺，所以称为“各显身手”。喝自己亲手擂出的茶，您一定会觉得更香。

第七道程序：“冲水”

在细擂过程中要不断加点水，使混合物能擂成糊状，当擂到足够细时，要冲入热开水。开水的水温不能太高，也不可太低。水温太高，易造成混合物的蛋白质过快凝固，冲出的擂茶清淡而不成乳状。水温太低则冲不熟擂茶，喝的时候不但不香，而且有生草味。一般水温控制在90℃～95℃冲出的擂茶才能“水乳交融”。

第八道程序：“过筛”

其目的是“去粗取精”，滤去茶渣，使擂茶更好喝。

第九道程序：“敬茶”

擂茶斟到茶碗后，应按照长幼顺序依次敬奉给客人。我们视“擂茶”为琼浆玉液，故称“敬奉琼浆”。

第十道程序：“品茶”

擂茶一般不加任何调味品，以保持原辅料的本味，所以第一次喝擂茶的人，品第一口时常感到有一股青涩味，细品后才能渐渐感到擂茶甘鲜爽口，清香宜人。这种苦涩之后的甘美，正如醍醐的法味，它不假雕饰，不事炫耀，只如生活本身，永远带着那清淡和自然，却让人品后无法忘怀。正因为这样，所以，饮过擂茶的人几乎都会迷上它，使擂茶成为自己生活的一部分。

祝福茶茶艺

一、茶具组合

木制茶盘一个，白瓷茶壶一个，水晶玻璃碗一个，茶荷一个，盖杯若干套，丹桂一罐，小金橘一罐。

二、基本程序

1. 玉壶春潮连海平；
2. 丹桂金橘报福音；
3. 红雨随心翻作浪；
4. 一点一滴总关情。

三、解说词

第一道程序：玉壶春潮连海平

在冲泡“祝福茶”时，我们要用白瓷壶预先泡好一壶正山小种红茶，将开水冲入白瓷壶时水要冲满，这称为“玉壶春潮连海平”。

第二道程序：丹桂金橘报福音

我国有民谣曰：“桂花开放幸福来。”桂花代表着幸福。金橘的橘和吉谐音，所以金橘代表着吉祥如意。把糖、桂花和小金橘等配料投放到水晶玻璃碗中，称之为“丹桂金橘报福音”。

第三道程序：红雨随心翻作浪

把预泡好的红茶汤冲入水晶玻璃碗时，清亮艳红的茶水和丹

桂、金橘一起在水晶碗中翻腾，这道程序称为“红雨随心翻作浪”。

第四道程序：一点一滴总关情

把调制好的茶汤分别舀到三才杯中并敬奉给大家，称之为“一点一滴总关情”。此时大家可看看自己杯中有几粒小金橘，对此我们这有一套说法：舀到一粒，代表一定高升或一生平安；两粒为双喜临门；三粒为三星高照；四粒为四季发财或事事如意；五粒为五福齐享；六粒为六六大顺；七粒为七曜当头，即金、木、水、火、土五颗星再加上日、月，前程一片光明；八粒为逢八大发；九粒为鸿运长久；十粒为十全十美。万一有的客人杯中一粒小金橘都没有，我们也有个说法，说是让他留点遗憾，希望他下次再来。或是说一粒都没有即是“无”，“无”代表无限美好。总之，无论客人有没有舀到小金橘，无论舀到几粒小金橘，都会得到一句祝福吉言，这正是我国传统民风民俗在茶艺中的表现。喝了这道甜茶，希望大家留下甜蜜的回忆，带走我们的衷心祝福，所以称之为“祝福茶”。

另外，桂花养颜顺气，小金橘生津止咳化痰。“祝福茶”还是极佳美容茶。

第九章 茶道养生验方

祛病健身茶

自古“医食同源”，早在唐代，著名的医药家陈藏器就提出了“茶为万病之药”的观点。我国古代神医华佗在《食论》中认为：“苦茶常服，可以益思。”养生家陶弘景认为：“茗茶轻身换骨，古丹丘子，黄山君服之。”日本茶圣荣西禅师在他的《吃茶养生记》中也写道：“茶乃养生之仙药，延龄之妙术。山谷生之，其地则灵。人若饮之，其寿则长。”到了近代，人们在深入地研究了茶的医疗保健功能之后，开发了不少验方。本章分四节，对祛病健身茶、时令保健茶、美容养颜茶、延年益寿茶分别介绍如下。

在我国古代，民间茶疗验方很多，但是因现代医学发达了，医疗条件好了，得了病最有效的办法当然还是去医院诊治，本节中的传统茶疗配方只能作为辅助疗法，切不可单纯依赖于茶疗，以免贻误了病情。

一、发烧

人体正常体温为37℃左右，如高于37．5℃即可认为是发烧。发烧是人体对致病因素的全身性反应，是人体与疾病斗争的一种防卫方式。致病的原因很多，凡遇发烧的病人，均应全面诊断辩证施治。

1. 风寒感冒发热

茶叶15克，核桃仁、葱白、生姜各25克，捣烂后用砂锅煎服。服后盖上棉被卧床休息，注意避风，使人发汗，即可痊愈。

2. 阴虚久咳发热

绿茶5克，银耳、冰糖各20克，茶叶泡后取汁，银耳洗净用砂锅炖熟后加入茶汁、冰糖，再炖一会儿即可服食，每日服食1~2次。

3. 泌尿系统感染发热

绿茶5克，生梨250克，将生梨削皮切片与绿茶炖服，每日服1~2剂。

4. 上呼吸道感染发热

绿茶5克，淡竹叶30克，凤尾草10克，加水1000毫升煮沸5分钟后，倒出茶汁晾凉后饮用。一剂配方可煎2~3次。

5. 长期不规则性低烧

苦瓜一个，去瓤，塞入茶叶后扎紧，挂于通风处阴干备用。每次切苦瓜干5~10克，与茶一起用沸水冲泡5分钟即可饮用。或用3克茶叶与10克青蒿（洗净）配伍煎饮。

二、头痛

头痛是一种常见的症状，茶疗只对以下几种类型的头痛有显著疗效。

1. 风寒性头痛

红茶5克，生姜数片，红糖适量，加水煎服。或熟附子2枚，川芎和生姜各50克，混合后研末，每次服5克，用温茶汤送服。

2. 风热外感头痛

茶叶5克，薄荷叶5克，以沸水冲泡后常服。或绿茶3克，贡菊10克，用沸水冲泡5分钟后倒出茶汤，待茶汤晾凉后，再加入适量蜂蜜常饮。

三、咳嗽

咳嗽是呼吸道疾病或由内寒、内热、内湿等引起的症状，它是人体的一种保护性反射动作，其作用是将呼吸道内的分泌物强制性排出体外。咳嗽的原因有多种，所以茶疗的配方也有多种。

1. 干咳

茶叶、杭白菊各2克，用沸水泡饮，常服。

2. 气管炎咳嗽

茶叶和川贝母各3克，研成细末，用开水送服，每日服1~2次。或干橘皮、茶叶各3克，沸水冲泡5分钟后饮用，每日服1~

3剂。

3. 风热咳嗽

绿茶3克，桑叶15克，菊花15克，甘草5克，加水500毫升煮沸5分钟，分3剂饭后饮用。

四、厌食、消化不良

1. 厌食

白萝卜汁60毫升，浓茶1杯，蜂蜜20克，和匀温服。或绿茶10克，浮小麦200克，大枣30克，莲子25克，甘草10克，后四味加水1500毫升，煮至浮小麦、莲子熟后再加入绿茶即可，每

次饮 100 毫升，每日饮 3 ~4 次。

2. 消化不良

茶叶 3 克，山楂片 25 克，加水 400 毫升，煮沸 5 分钟后，分 3 次温饮，日服 1 剂。或乌龙茶 5 克，胡椒 10 粒（捣碎），食盐适量，沸水冲饮。

五、腹泻

凡大便稀薄，次数超过正常者均称为腹泻。

1. 寒性水泻

茶叶 3 克，焦山楂 5 克，石榴皮 5 克，混合后加水煮沸 5 分钟，温饮，每日 1 剂。或生姜 15 克，苏叶 10 克，绿茶 15 克，混合加水煮沸 5 分钟，温饮，每日 1 剂。

2. 肠炎性腹泻

红茶 10 克，米醋适量，用沸水冲泡红茶，倒出浓汁加入米醋，热饮，每日 2 剂。

3. 痢疾性腹泻

大蒜1头，绿茶50克，大蒜去皮捣烂成糊，与茶一起用沸水冲泡5分钟，分2～3次热饮，连服4～5天。或马齿苋50克，红糖50克，茶叶15克，混合后加水煮沸5分钟，热饮，每日1剂，连服3次。

六、便秘

便秘是指因大肠蠕动功能障碍所致的大便不通的病症，中医认为便秘可分实秘和虚秘两种类型。治疗便秘可试用如下安全可靠的方剂。

茶叶15克，黑芝麻和大黄各60克，研成细末，每次用10克，温开水冲服。或浓茶水放凉后加适量蜂蜜，搅匀常饮。

七、高血压

高血压是由于中枢神经系统和内分泌调节功能紊乱引起的血压增高，特别是舒张压持续偏高，常可造成心、脑、肾等脏器的损害。对于高血压可用如下配方辅疗。

1. 绿茶、菊花和槐花各3克，用沸水冲泡5分钟后常饮。

2. 乌龙茶3克，杭菊花10克，用沸水冲泡5分钟后常饮。

3. 茶叶、菊花和山楂各10克，用沸水冲泡5分钟后常饮。

4. 绿茶和杜仲叶各6克，用沸水冲泡5分钟后常饮。本方最适宜高血压合并心脏病患者饮用。

5. 茶叶5克，玉米须30克，沸水冲泡5分钟后常饮。本方最适宜于肾炎合并高血压病人饮用。

八、冠心病

本病是由于脂类物质代谢异常，引起冠状动脉内膜形成粥样

斑块，影响血液循环，使心肌缺血、缺氧乃至坏死造成的一系列严重症状，茶疗仅有辅助效果。

1. 茶叶 15 克，素馨花 6 克，茉莉花 1. 5 克，川芎 6 克，红花 1 克（川芎、红花焙黄研末，用过滤纸袋包装），泡茶常年饮用，每日 1 ~2 次。

2. 茶叶 5 克，山楂和益母草各 10 克，用沸水冲泡，常年饮用。

3. 茶叶、山楂、菊花各 10 克，用沸水冲泡，常年饮用。

4. 绿茶 2 克，莲心干 3 克，用沸水冲泡，常年饮用。

九、高脂血症

患者盘浆中脂质浓度超过正常范围，是引起动脉粥样硬化的主要原因，还可能引起脑、心、血管疾病及胆结石，对人体的健康危害极大，宜用以下茶疗配方常年防治。

1. 陈葫芦15克，茶叶3克，混合研成细末，用沸水冲泡5分钟后，温饮。

2. 山楂30克，益母草15克，茶叶5克，用沸水冲泡5分钟后，温饮。

3. 山楂（生炒）7克，陈皮（生炒）9克，红茶3克，用沸水冲泡5分钟后饮用。

4. 普洱茶50克，菊花50克，罗汉果50克，混合研末后，每10克用过滤纸袋包装好，用开水泡饮。

5. 何首乌5克，泽泻5克，丹参5克，茶叶5克，混合后加水煮沸5分钟后饮用。

十、贫血

贫血通常指人体血液在单位容积内血红蛋白和红细胞数量低于正常值。茶叶中含有叶酸，可防治脾肾亏虚性贫血，但茶叶中的茶多酚能与铁离子结合，影响人体对铁的吸收，因此，在治疗缺铁性贫血时宜少用茶叶。

1. 红枣10枚，红糖10克，枸杞5克，茶叶5克，红枣、枸杞用糖水煮至熟烂，冲入茶汁，拌匀后连汤食用。

2. 丹参10克，黄精10克，茶叶5克，混合研末，用沸水冲泡10分钟后饮用。

3. 桂圆肉20克，红糖10克，红茶2克，桂圆肉加红糖蒸煮后加入红茶汁，拌匀连汤服食。

4. 浮小麦200克，大枣30克，莲子30克，甘草10克，绿茶3克，除绿茶外加水煎煮至浮小麦熟。趁沸加入绿茶，搅匀后

服饮。

十一、肝炎

指肝脏发生炎症性病变，多由肝炎病毒引起，茶可清热、杀菌、解毒，故有良好的辅疗效果。

1. 板蓝根 30 克，大青叶 30 克，茶叶 30 克，混合后加水煮沸 5 分钟，每日分 2 次饮服，连服 2 周。

2. 白茅根 10 克，茶叶 5 克，混合后加水煮沸 10 分钟，每日分 2 次饮服。可常年代茶饮用。

3. 蒲公英 20 克，甘草 3 克，绿茶 3 克，蜂蜜 15 克，蒲公英与甘草加水煮沸 10 分钟，趁沸加入绿茶搅匀后，倾出茶汁，待温后调蜂蜜饮用。

4. 茵陈30克，生大黄6克，绿茶3克，混合后加水煮沸10分钟即可饮用。

十二、尿路感染

患者表现为尿频、尿痛、尿血、尿急等，有的还伴有恶性发热。茶可清热、杀菌、解毒，故用茶疗医治尿路感染，疗效较好。

1. 海金砂60克，茶叶30克，甘草、生姜适量，共研成细末，每次服10克，用甘草、生姜煎汁送服。本方用于急性尿路感染。

2. 通草3克，灯芯草3克，绿茶6克，白茅根30克，用沸水冲泡5分钟后饮用，可清热、利尿、通淋。

时令保健茶

中国传统医学以“天人合一”、“阴阳调和”为理论基础。中医学认为，人生活在大自然中，必须顺应大自然一年四季气候的变化规律，才能健康长寿。《灵枢·本神》指出：“故智者之养生也，必须顺四时而适寒暑。”《素问·四气调神大论》也指出：“夫四时阴阳者，万物之根本也，所以圣人春夏养阳，秋冬养阴，以从其根。”饮茶也应当顺四时，适寒暑，只有这样，茶的保健功效才能得到充分的发挥。配制保健茶时更应注意季节的变化。

一、春季养生茶

“春三月，此谓发陈，天地俱生，万物以荣”。（《素问·四气调神大论》）春天风和日暖，阳气升发，草木复苏，万物生机盎然，人体通过一个冬天的调整休息之后，新陈代谢变得旺盛，“春气通肝”，因此可适当饮用疏肝泄风、发散升提的茶饮。另外，春天北方干燥，南方阴湿，所以南北方的茶疗配方应因地制宜。春天还易患感冒，宜配制一些防治感冒的药茶。

1. 肉桂生姜茶（适于南方）

肉桂 10 克，生姜 6 片，红茶 5 克，红糖 15 克，用沸水冲泡 5 分钟后饮用。肉桂辛甘温，解肌发表，温通经脉，通肝化气；生姜味辛，性温，可开胃，调中，去冷气。肉桂可反复冲泡直到味淡再丢弃。

2. 金银花山楂茶（适于北方）

金银花 30 克，山楂 10 克，绿茶 10 克，蜂蜜适量。将金银花、山楂加水煮沸 5 分钟后趁沸加入绿茶，再煮一会儿即倒出茶汤，晾凉后调蜜饮用。金银花性味甘寒，可清热解毒；山楂味酸，性冷可消食、补脾；蜂蜜味甘，性平，可益气补中润脏腑。本配方最宜西北干燥地区春天饮用。

二、夏季养生茶

“夏三月，此为蕃秀，天地气交，万物华实。”（《素问·四气调神大论》）夏天阳气旺盛，气候炎热，人体新陈代谢旺盛，且因暑热逼人，流汗过多，易耗身体真元，“夏气通心”，因此宜饮用清心祛暑、宜气生津类的茶饮。

1. 灵芝银耳茶

灵芝草斤 6 ~ 9 克，银耳 15 克，绿茶 3 克，冰糖适量。银耳洗净炖熟，灵芝片与绿茶用沸水冲泡后取茶汤，与银耳混合均匀，加入冰糖再炖 5 分钟即可连汤服用。

2. 鱼腥草茶

鱼腥草 5 克，绿茶 3 克。用沸水冲泡后常饮，可清热、利尿、解毒。

3. 竹叶甘草茶

淡竹叶 5 克，甘草 3 克（切片），绿茶 3 克。用沸水冲泡后常饮，亦可加蜂蜜或冰糖，能清热、解毒、润喉。

4. 竹叶薄荷茶

淡竹叶 20 克，绿茶 10 克，薄荷 10 克，冰糖适量。将淡竹叶加足量水煮沸 5 分钟后，趁热加入绿茶，离火后再加入薄荷，加盖闷 3 分钟后，倒出茶汤加入冰糖，放凉后置入冰箱供冷饮，可解暑、清热、润喉。

5. 芦荟茶

芦荟3克（切片），绿茶3克，用沸水冲饮，可清热通便。

三、秋季养生茶

“秋三月，此谓容平，天气以急，地气以明”。（《素问·四气调神大论》）秋天气候由热转凉，万物渐趋凋谢，人体受秋燥的影响，常出现肺燥、阴津不足等症状。“秋气通肺”，故宜补阴。

1. 竹荪银耳茶

干竹荪10克，银耳10克，乌龙茶5克，冰糖适量。将竹荪、银耳洗净，加冰糖炖烂，乌龙茶用沸水冲泡3分钟后取茶汤注入银耳、竹荪中，再炖一会儿即可连汤服食，可清心明目、滋阴润肺。

2. 双耳茶

银耳、黑木耳各10克，冰糖30克，乌龙茶5克。将银耳、黑木耳洗净，加冰糖炖烂，乌龙茶用沸水冲泡后，将茶汤与炖烂的双耳混合服食，可滋阴、补肾、润肺。

3. 梨子茶

梨子100克，乌龙茶5克，冰糖适量。将梨子去皮切片，加入冰糖用乌龙茶汤炖服。

4. 枇杷竹叶茶

鲜枇杷叶30克，淡竹叶15克，绿茶5克。将枇杷叶刷去表面的绒毛，与淡竹叶一同洗净，切碎，加水煮沸10分钟，趁沸加入绿茶，加盖闷3分钟，倒出茶加适量冰糖饮用，可清肺、止咳、降火。

5. 麦地茶

麦门冬5克，生地5克，绿茶3克。前两味药加水煮沸5分钟后，将汤冲泡绿茶饮用，可养阴清热、除烦止渴。

6. 天门冬茶

天门冬10克，绿茶3克，冰糖适量。沸水冲泡后饮用，可滋阴、清肺、降火。

四、冬季养生茶

“冬三月，此谓闭藏，水冰地坼。”（《素问·四气调神大论》）冬天阳气闭藏，阴气聚盛，寒气逼人，人体新陈代谢缓慢，精气内藏。“冬气通肾”，在这个季节应注意温补助阳，补肾填精。

1．枸杞桂圆茶

桂圆肉10克，红枣10枚，枸杞3克，莲子20克，红茶5克，红糖适量。将桂圆肉、红枣、枸杞、莲子加红糖用红茶汤炖服。桂圆肉补血，莲子固精，红枣补血补气，枸杞补肾养肝，这几种食品配伍后可大补元气，益精壮阳。

2．菟丝子茶

菟丝子10克，红茶3克，用沸水冲泡后热饮。菟丝子辛甘平，常服可补肝肾、益精髓。

3. 肉桂奶茶

肉桂3克（碾碎），红茶3克，用纱布包好加水煮沸5分钟后再加入一杯鲜奶和适量白糖，再沸后即可饮用。

4. 肉桂良姜茶

肉桂3克（碾碎），高良姜2克（切片），当归2克，厚朴2克，人参1克，红茶3克。用沸水冲泡5分钟后饮用，可温中祛寒，治冷气攻心。

5. 参桂茶

人参2克，肉桂4克，黄芪3克，甘草3克，红茶3克。用沸水冲泡5分钟后饮用，可益气温中，治气血两亏。

6. 冬虫夏草茶

冬虫夏草3克，红茶3克，用沸水冲泡5分钟后饮用，可补虚益精。

美容养颜茶

早在唐代，大文学家柳宗元就提出了“茶可调六气而成美，挟万寿以效珍”（《代武中丞谢新茶表》）。诗仙李白在《答族侄僧中孚赠玉泉仙人掌茶序》中也写道：“唯玉泉真公，常采而饮之，年八十余岁，颜色如桃李。”到了清代，坚持常年饮用养颜茶的慈禧太后，到了古稀之年仍然面如桃花，肤若处女，可见常饮茶确实具有美容奇效。本节中分为养颜和瘦身两个部分来分别介绍一些美容验方。

一、养颜茶

1．武则天女皇茶

配方

益母草 10 克，滑石 3 克，绿茶 3 克。用法：用前两味药的水煎剂 350 毫升泡茶饮用，可加冰糖或蜂蜜。冲饮至味淡。

功效

润肤祛斑、消皱。

用途

适用于面晦、肤燥、皱纹增多、黑斑等症。

资料来源：《茶饮保健顾问》。

2. 元宫养颜茶

配方

何首乌2克，肉苁蓉2克，菟丝子2克，泽泻2克，枸杞2克，绿茶5克。

用法

用前五味药的水煎液400毫升泡茶饮用，可加冰糖或蜂蜜。冲饮至味淡。

功效：美发养颜。

用途

适用于面容无华、白发、脱发等症。

资料来源：《茶饮保健顾问》。

3. 明宫容颜永润茶

配方

枸杞 2 克，天冬 2 克，生地 2 克，人参 2 克，茯苓 2 克，绿茶 5 克，蜂蜜 10 克。

用法

用前五味药的煎煮液 450 毫升泡茶加蜜饮用，冲饮至味淡。

功效

补气养阴、美肤强身。

用途

适用于面色苍白、容颜衰减等症。

资料来源：《茶饮保健顾问》。

4. 金宫香口茶

配方

黄连1克，升麻2克，藿香2克，木香1克，甘草3克，绿茶3克。

用法

用前五味药的煎煮液450毫升冲泡甘草和绿茶饮用。

功效

清胃热、洁牙、香口、固齿止痛。

用途

适用于憔悴、面色晦暗等症。

资料来源：《茶饮保健顾问》。

5. 宫廷美肤茶

配方

枸杞2克，龙眼肉2克，山楂2克，菊花2克，茶叶3克，青果2枚。

用法

沸水冲泡后饮用，青果嚼食。

功效

生血养阴、润肤美容。

用途

适用于面容枯瘦、肌肤无光泽等症。

资料来源：《传统药茶方》。

6. 五福饮茶

配方

熟地9克，当归9克，人参6克，白术6克，炙甘草6克。

用法

将上述五味原料混合研末，分为12小包，每次1包，另加3片生姜、3枚红枣、3克茶叶，用沸水冲泡5分钟后饮用。

功效

补气养血、美肤养颜。

用途

适用于中老年面色萎黄无华、气血两亏、懒言善忘等症。

资料来源:《中国药茶谱》。

7. 玉灵膏茶

配方

桂圆肉30克，西洋参3克，红茶5克，白糖适量。

用法

将桂圆肉、西洋参、白糖放入保暖杯中，用滚沸的红茶汤冲泡，加盖闷10分钟后连汤服食。

功效

补血、益气、安神。

用途

适用于面色萎黄、精神萎靡等症。

资料来源:《中国药茶谱》。

8. 黑芝麻茶

配方

黑芝麻250克，茶叶100克。

用法

将黑芝麻炒熟后与茶叶混合研成末，放入瓷罐密封贮存。每次取15克用开水冲饮，可加蜂蜜或白糖。

功效

滋补益人、驻颜乌发。

用途

适用于补肝肾、延缓衰老。

资料来源:《中华风味茶》。

二、瘦身茶

1．健身降脂茶

配方

绿茶10克，何首乌15克，泽泻10克，丹参15克。

用法

将首乌、泽泻、丹参混合研末，放入热水瓶中，用沸水冲泡，加盖闷20分钟后放入绿茶，轻摇后再闷5分钟即可饮用。

功效

活血利湿、降脂减肥。

用途

不分性别，不论老少，血脂偏高或体形肥胖者均可以此为保健饮料。惟有胃溃疡者不宜饮用。

资料来源：《中国药茶谱》。

2．乌龙消脂茶

配方

乌龙茶6克，槐角18克，何首乌30克，冬瓜皮18克，山楂15克。

用法

将后四味药加水煮沸10分钟后，用沸汤冲泡乌龙茶，常饮。

功效

体形肥胖者均可常饮，有胃及十二指肠溃疡者忌饮。

资料来源：《中国药茶谱》。

3. 首乌降脂茶

配方

丹参20克，首乌、葛根、寄生、黄精各10克，甘草6克，乌龙茶6克。

用法

将前六种药材研为粗末，加水煮沸5分钟，用沸汤冲泡乌龙茶，常饮。

功效

降脂通脉、活血祛瘀、利尿降压。

用途

高血脂肥胖者常饮，阳虚者忌用。

资料来源：《奇效良方集成》。

4. 三花减肥茶

配方

玫瑰花、茉莉花、玳瑁花各2克，川芎6克，荷叶7克，绿茶3克。

用法

将各药用沸水冲泡5分钟后饮用。

功效

芳香化浊、行气活血。

用途

肥胖体形臃肿者最宜常饮，阴虚者忌饮。

资料来源：《中成药研究》。

5．山楂降脂茶

配方

生山楂 7 克，炒山楂 7 克，炒陈皮 9 克，红茶适量。

用法

用沸水冲泡 10 分钟后温饮。

功效

消食、理气、降脂。

用途

饮食过多油腻膏脂者或身体偏肥胖者宜常饮，胃酸过多者或有溃疡病者不宜饮用。

资料来源：《中医良药良方》。

6. 仙女减肥茶

配方

茯苓2克，泽泻2克，车前草2克，大腹皮2克，山楂5克，绿茶5克。

用法

前五味加水煮沸5分钟后加入绿茶即可。

功效

利尿除湿、降血压、降脂、减肥。

用途

适用于肥胖症、水肿、高血脂、高血压等症。

资料来源:《茶饮保健顾问》。

延年益寿茶

常年饮茶可延年益寿，这既是古今茶人的经验之谈，又是为现代医学研究和医学统计所证明了的不争之事。世界上有五大著名的长寿之乡：巴基斯坦的世外桃源罕萨、前苏联的山中乐土罗洲、厄瓜多尔的圣谷毕路卡邦巴以及中国新疆的南疆和广西的巴马县。这些长寿之乡虽然各有特点，但寿星们长期嗜茶却是共性。例如，我国南疆的维族同胞每日三餐都要喝用茶叶、桂皮和胡椒煮成的香茶，有“宁可一日无粮，不可一日无茶”之说。在广西的巴马县百岁老人 69 人，占居民总数的 30. 8/10 万，年纪最大的 125 岁，平均 105 岁，为全国长寿之冠。这里群众的长寿秘诀就是“粗茶淡饭，饮茶不断”。在本节中，我们介绍一些延年益寿的茶疗验方，供茶友们选择、试用。

抗衰老茶

一、神仙延寿茶

配方

人参3克，牛膝2克，巴戟2克，杜仲2克，枸杞2克，红茶5克。

用法

用500毫升水煎煮前五味药，水沸10分钟即可用药汤冲泡红茶。加蜂蜜饮，冲饮至味淡。

功效

滋补气血、养精益脑。

用途

适于中老年体弱者饮用。

资料来源:《茶饮保健顾问》。

2. 龟鹤二仙茶

配方

鹿角2克，龟板2克，枸杞5克，人参3克，红茶5克。

用法

用350毫升水煎煮鹿角、龟板、人参，至水沸后10～15分钟用沸汤冲泡枸杞和红茶。饮时可加蜂蜜，冲饮至味淡。

功效

滋精补血、益气提神。

用途

适于中老年气血虚弱者饮用。

资料来源：《仙传四十九方》。

3. 真人茶

配方

茯苓 2 克，熟地 2 克，菊花 2 克，人参 2 克，柏子仁 2 克，红茶 5 克。

用法

用 500 毫升水煎煮前五味药，水沸后 10 ~ 15 分钟，以药汤冲泡红茶。

功效

补脏安神。

用途

适于中老年体虚烦躁者饮用。

资料来源：《茶饮保健顾问》。

4. 参芪薏苡茶

配方

党参 10 克，薏苡仁 50 克，黄芪 20 克，生姜 12 克，大枣 10 克，红茶 10 克。

用法

将前三味药炒黄研碎，生姜切片与大枣、红茶混匀后，用沸水冲泡 10 分钟后饮用。

功效

补中益气、健脾除湿。

用途

适于中老年身体虚弱、精神疲乏、饮食欠佳者饮用。

资料来源:《实用食疗方精选》。

5. 中老年强身茶

配方

制首乌300克，菟丝子400克，补骨脂25克，茶叶适量。

用法

将前三味药研细贮存于瓷罐中备用。每次取40~60克，加入适量茶叶，放进热水瓶中，用沸水冲泡后长期频饮。

功效

滋补肝肾、强身健体。

用途

中老年肝肾亏损者可常饮，阴虚、火旺、口苦、脘闷者不宜饮用此方。

资料来源:《中医良药良方》。

6. 延年益寿不老茶

配方

何首乌240克，地骨皮、茯苓各150克，生地、熟地、天冬、麦冬、人参各90克。

用法

上述原料混合研成粗末，贮存于瓷罐中，每日用30~50克。可炼蜜成丸，用红茶汤吞服，亦可加茶叶，用沸水冲泡后频饮。

功效

填骨髓、长肌肉、生精血、补五脏、益寿延年。

用途

适于中老年肾虚精亏、腰膝酸软者或未老先衰、阳痿、遗精、早泄者饮用。

资料来源:《中国药茶谱》。

7. 求真茶

配方

苍术 2 克，人参 2 克，鹿茸 5 克，淫羊藿 2 克，泽泻 2 克，红茶 5 克。

用法

前五味药用500毫升水煎煮至水沸10分钟，用于泡茶。饮时可加蜂蜜，冲饮至味淡。

功效

补阳壮体。

用途

适于中老年肥胖、房事偏弱者饮用。

资料来源：《传统药茶方》。

8．延龄茶

配方

菟丝子2克，肉苁蓉2克，枸杞2克，山茱萸2克，覆盆子2克，红茶10克。

用法

用前五味药煎汤500毫升，泡茶饮用，可加蜂蜜，冲饮至味淡。

功效

滋补肝肾、延年增智。

用途

适于中老年肝肾不足、房事渐衰者饮用。

资料来源：《传统药茶方》。

二、休闲养生果茶

1．鲜梨麦冬茶

配方

鲜梨2个，麦冬5克，绿茶3克，冰糖适量。

用法

鲜梨去皮切片或榨汁，麦冬、绿茶、冰糖用沸水冲泡 15 分钟后，将茶汤与梨汁混匀饮用。

功效

生津、清热、化痰。

2. 梨子生地茶

配方

鲜梨 1 个（洗净），生地 5 克，绿茶 3 克。

用法

将梨子削皮后切片，连皮一起与生地煮沸后，用汤泡茶，可加适量冰糖。

功效

养阴生津。

3. 苹果茶

配方

鲜苹果 1 个，酸枣仁 5 克，绿茶 3 克，冰糖 15 克。

用法

将苹果切成小块，与酸枣仁一起煎汤泡茶。

功效

补心益气、生津止渴。

4. 橘姜茶

配方

鲜橘2个，生姜3克，花茶3克。

用法

鲜橘去皮后捣碎，生姜切片，用花茶汤煎煮后饮服。

功效

开胃健脾。

5. 葡萄参茶

配方

鲜葡萄50克，人参3克，花茶3克，白糖15克。

用法

葡萄洗净捣碎，人参切片，花茶用纱片包好，加糖同煎后服用。

功效

补气血、健脾胃、益精神。

6. 枇杷茶

配方

鲜枇杷5枚，紫苏3克，绿茶3克，冰糖15克。

用法

鲜枇杷去皮、去核，紫苏与绿茶用纱布包好，煮沸5分钟后加入枇杷肉，再煮3分钟即可连汤服食。

功效

清肺止咳。

7. 菠萝玉竹茶

配方

鲜菠萝（去皮）50 克，玉竹 5 克，绿茶 3 克。

用法

玉竹与绿茶加水煮沸 5 分钟后，用茶汤煮食菠萝片，可加少许食盐。

功效

补脾益气、生津止渴。

8. 桑葚菊花茶

配方

桑葚 30 克，菊花 3 克，冰糖 10 克，绿茶 3 克。

用法

用桑葚煎汤泡菊花、绿茶饮用。

功效

清肝明目、滋肾益阴。

道教茶道养生

天人合一

中国茶道吸收了儒、佛、道三家的思想精华。佛教强调“禅茶一味”以茶助禅，以茶礼佛，在从茶中体味苦寂的同时，也在茶道中注入佛理禅机，这对茶人以茶道为修身养性的途径，借以达到明心见性的目的有好处。而道家的学说则为茶人的茶道注入了“天人合一”的哲学思想，树立了茶道的灵魂。同时，还提供了崇尚自然，崇尚朴素，崇尚真的美学理念和重生、贵生、养生的思想。

1、人化自然

人化自然，在茶道中表现为人对自然的回归渴望，以及人对“道”的体认。具体地说，人化自然表现为在品茶时乐于于自然亲近，在思想情感上能与自然交流，在人格上能与自然相比拟并通过茶事实践去体悟自然的规律。这种人化自然，是道家“天地与我并生，而万物与我唯一”思想的典型表现。中国茶道与日本茶道不同，中国茶道“人化自然”的渴求特别强烈，表现味茶人们在品茶时追求寄情于山水，忘情与山水，心融于山水的境界。

元好问的《茗饮》一诗，就是天人和一在品茗时的具体写照，契合自然的绝妙诗句。

宿醒来破厌觥船，紫笋分封入晓前。

槐火石泉寒食后，鬓丝禅榻落花前。

一瓯春露香能永，万里清风意已便。

邂逅化胥犹可到，蓬莱未拟问群仙。

诗人以槐火石泉煎茶，对着落花品茗，一杯春露一样的茶能在诗人心中永久留香，而万里清风则送诗人梦游华胥国，并羽化成仙，神游蓬莱三山，可视为人化自然的极至。茶人也只有达到人化自然的境界，才能化自然的品格为自己的品格，才能从茶壶水沸声中听到自然的呼吸，才能以自己的“天性自然”去接近，去契合客体的自然，才能彻悟茶道、天道、人道。

2、自然化的人

“自然化的人”也即自然界万物的人格化、人性化。中国茶道吸收了道家的思想，把自然的万物都看成具有人的品格、人的情感，并能与人进行精神上的相互沟通的生命体，所以在中国茶人的眼里，大自然的一山一水一石一沙一草一木都显得格外可爱，格外亲切。

在中国茶道中，自然人化不仅表现在山水草木等品茗环境的人化，而且包含了茶以及茶具的人化。

对茶境的人化，平添了茶人品茶的情趣。如曹松品茶“靠月坐苍山”，郑板桥品茶邀请“一片青山入座”，陆龟蒙品茶“绮席风开照露晴”，李郢品茶“如云正护幽人堑”，齐己品茶“谷前初晴叫杜鹃”，曹雪芹品茶“金笼鹦鹉唤茶汤”，白居易品茶“野麝林鹤是交游”，在茶人眼里，月友情、山有情、风有情、云有情，

大自然的一切都是茶人的好朋友。诗圣杜甫的一首品茗诗写道

落日平台上，春风啜茗时。

石阑斜点笔，桐叶坐题诗。

翡翠鸣衣桁，蜻蜓立钓丝。

自逢今日兴，来往亦无期。

全诗人化自然和自然人化相结合，情景交融、动静结合、声色并茂、虚实相生。

苏东坡有一首把茶人化的诗：

仙山灵雨湿行云，洗遍香肌粉未匀。

明月来投玉川子，清风吹破武林春。

要知冰雪心肠好，不是膏油首面新。

戏作小诗君莫笑，从来佳茗似佳人。

正因为道家“天人合一”的哲学思想融入了茶道精神之中，在中国茶人心里充满着对大自然的无比热爱，中国茶人有着回归自然、亲近自然的强烈渴望，所以中国茶人最能领略到“情来爽朗满天地”的激情以及“更觉鹤心杳冥”那种与大自然达到“物我玄会”的绝妙感受。

中国茶道中的道家理念

一、尊人　中国茶道中，尊人的思想在表现形式上常见于对茶具的命名以及对茶的认识上。茶人们习惯于把有托盘的盖杯称为“三才杯”。杯托为“地”、杯盖为“天”，杯子为“人”。意思是天大、地大、人更大。如果连杯子、托盘、杯盖一同端起来品茗，这种拿杯手法称为“三才合一”

二、贵生　贵生是道家为茶道注入的功利主义思想。在道家贵生、养生、乐生思想的影响下，中国茶道特别注重“茶之功”，即注重茶的保健养生的功能，以及怡情养性的功能。

道家品茶不讲究太多的规矩，而是从养生贵生的目的出发，以茶来助长功行内力。如马钰的一首《长思仁·茶》中写道：一枪茶，二枪茶，休献机心名利家，无眠未作差。

无为茶，自然茶，天赐休心与道家，无眠功行加。

可见，道家饮茶与世俗热心于名利的人品茶不同，贪图功利名禄的人饮茶会失眠，这表明他们的精神境界太差。而茶是天赐给道家的琼浆仙露，饮了茶更有精神，不嗜睡就更能体道悟道，增添功力和道行。

更多的道家高人都把茶当作忘却红尘烦恼，逍遥享乐精神的一大乐事。对此，道教南宗五祖之一的白玉蟾在《水调歌头·咏茶》一词中写得很妙。

二月一番雨，昨夜一声雷。

枪旗争展，建溪春色占先魁。

采取枝头雀舌，带露和烟捣碎，炼作紫金堆。

碾破春无限，飞起绿尘埃。

汲新泉，烹活火，试将来，放下兔毫瓯子，滋味舌头回。

唤醒青州从事，战退睡魔百万，梦不到阳台。

两腋清风起，我欲上蓬莱。

三、坐忘　“坐忘”石道家为了要在茶道达到“至虚极，守静笃”的境界而提出的致静法门。受老子思想的影响，中国茶道把“静”视为“四谛”之一。如何使自己在品茗时心境达到“一私不留”、一尘不染，一妄不存的空灵境界呢？道家也为茶道提供了入静的法门，这称之为“坐忘”，即，忘掉自己的肉身，忘掉自己的聪明。茶道提倡人与自然的相互沟通，融化物我之间的界限，以及“涤除玄鉴”“澄心味象”的审美观照，均可通过“坐忘”来实现。

四、无已　道家不拘名教，纯任自然，旷达逍遥的厨师态度也是中国茶道的处世之道。道家所说的“无己”就是茶道中追求的“无我”。无我，并非是从肉体上消灭自我，而是从精神上泯灭物我的对立，达到契合自然、心纳万物。“无我”是中国茶道对心境的最高追求，近几年来台湾海峡两岸茶人频频联合举办国际“无我”茶会，日本、韩国茶人也积极参与，这正是对”无我“境界的一种有益尝试。

五、道法自然，返朴归真　中国茶道强调“道法自然”，包含了物质、行为、精神三个层次。

物质方面，中国茶道认为：“茶是南方之嘉木”。是大自然恩赐的“珍木灵芽”，在种茶、采茶、制茶时必须顺应大自然的规律才能产出好茶，行为方面，中国茶道讲究在茶事活动中，一切要以自然味美，一朴实味美，东则行云流水，静如山岳磐石，笑则如春花自开，言则如山泉吟诉，一举手，一投足，一颦一笑都应发自自然，任由心性，好不造作。

精神方面，道法自然，返朴归真，表现为自己的性心得到完全解放，使自己的心境得到清静、恬淡、寂寞、无为，使自己的心灵随茶香弥漫，仿佛自己与宇宙融合，升华到“悟我“的境界。

老庄及道家思想对茶文化的影响？

中国茶文化吸收了儒、道、佛各家的思想精华，中国各重要思想流派都作出了重大贡献。儒家从茶道中发现了兴观群怨、修齐治平的大法则，用以表现自己的政治观、社会观；佛家体味茶的苦寂，以茶助禅、明心见性。而道家则把空灵自然的观点贯彻其中。甚至，墨子思想也被吸收进来，墨子崇尚真，中国茶文化把思想精神与物质结合，历代茶人对茶的性能、制作都研究十分具体，或许，这正式墨家求真观念的体现。

有人说，儒家在中国茶文化中主要发挥政治功能，提供的是"茶礼"；道家发挥的主要是艺术境界，宜称"茶艺"；而只有佛教茶文化才从茶中"了解苦难，得悟正道"，才可称"茶道"。其实，各家都有自己的术、艺、道。儒家说："大道既行，天下为公"，茶人说："茶中精华，友人均分"。道家说："道，可道，非常道"。两个不过一个说表现，一说内在，表里互补，都是既有道，也有艺、有术。古代道家思想与庄子在哲学观方面颇为接近，所以，人们常将老、庄并提。从自然和宇宙观方面，中国茶文化接受老庄思想甚深，强调天人合一，精神与物质的统一，这又为茶人们创造饮茶的美学意境提供了源泉活水。茶圣陆羽首先从研究茶的自然原理入手，不仅研究茶的物质功能，还研究其精神功能。所谓精神功能，还不只是因为茶能醒脑提神，制茶、烹茶、品茶本身就被看作一种艺术活动。既是艺术，便有美感，有意境，甚至还有哲理。

在中国，儒道经常是相互渗透，相互补充的。儒家主张"一张一弛文武之道"，"大丈夫能屈能伸"，条件允许便积极奋斗，遇到阻力，便拐个弯走，退居山林。所以，道家的"避世"、"无为"，恰恰反映了中国文化的柔韧一面，可以说对儒家思想是个补充。中国茶文化反映了儒道两家相辅相成的关系。老庄思想总起来说是着眼于更大的宇宙空间，所谓“无为”，正是为了“有为”；柔顺，同样可以进取。水至柔，方能怀山襄堤；壶至空，才能含华纳水。

武夷留春茶

一、每人炭火炉一个、小水壶一把、三才杯（盖碗）一只、品茗杯一个、圆形双层瓷茶盘一个、茶巾一条、乌龙茶5—7克。

二、基册程序

1. 静心——抱元守一
2. 候汤——调和五行
3. 炀盏——烫杯温鼎
4. 投茶——瑞草入瓯
5. 摇茶——灵丹受热
6. 干闻——采气调息
7. 开汤——倾注玉液
8. 刮沫——风吹浮云
9. 洗茶——雨润仙草
10. 烫杯——仙子沐淋
11. 二冲——再注甘露
12. 闷茶——乾坤交泰
13. 闻香——餐霞服气
14. 斟茶——玉池水涨
15. 赏色——春色无边
16. 品茶——涤心洗髓

17. 回味——金液还丹

18. 谢茶——归根复命

三、解说词

武夷山是道教名山，是道家三十六洞天中的升真元化洞天。相传唐旦时吕洞宾曾在武夷山修炼过。道教是我国土生土长的宗教，它有一个显著的特征，就长短常看重生命的价值，强调要贵生、乐生、养生，寻求通过顺应天然的修炼达到永生久视。武夷留春茶艺就是笔者按照吕洞宾《秘传正阳真人灵宝毕法》等养生真诀而创编的养生茶艺。我们通过这套茶艺把道家奥秘的丹遭之术与茶的保健功效相结合，使人们在日常品茶中既享受到人生的乐趣，又达到健身延寿的目的。这套茶艺共十八道程序。

版一道程序”抱元守一”

茶须静品，性须静养。道教养生的基册要领是“清静无为，清心寡欲。”老子认为：“清静为天下正”，“清其心源，静其气海，则道自来居”。抱元守一是道教静心养气之法，也称为抱元神，守真一。《百字碑》载有吕洞宾的口诀：“缄舌静，抱神定”。忘言则气不散，守一则神不出。这道程序是品茗前的静功。

版二道程序“调和五行”

这是指烧水候汤。古代茶人认为烧水候汤是金、木、水、火、土相生相克达到调和。火炉置于地上故从土；炉内有柴炭，故从木；柴炭燃烧故从火；炉上放着水壶，壶是金属所制，故从金；壶内有水，故从水。候汤就是等待水沸腾，这个过程是炉中五行调和的过程，同时也是体内五行调和的过程。

版三道程序“烫杯温鼎”

道家无论修炼内丹还是外丹，都把炼器称为炉鼎。在泡茶之前，我们先烫洗三才杯（亦称茶瓯）使其提高温度，故称为烫杯沮鼎。

版四道程序“瑞草入瓯”

古人把茶称为瑞草魁，吃茶品茗可延年益寿。把茶叶放进杯中称之为瑞草人瓯，

版五道程序“灵丹受热”

这道程序是盖上杯盖后，将杯子用力高低转圈摇动九下，使热杯中的干茶均匀升温，以利于香气的散发。

版六道程序”采气调息”

即开杯闻干茶的茶香。闻的时候应深呼吸，并留意调理体内的气息。这在道教称之为“吐纳”。吐出体内浊气吸进茶的香气，如此反复三次，每次呼气后都咽下一口津液，如许可合肾气，养元气，长真气，久而久之必使人色泽丰美，肌肤光润。

版七道程序“倾注玉液”

即开汤泡茶。

版八道程序“风吹浮云”

即用杯盖轻轻地刮去冲水时泛起的白色泡沫，使杯中的茶汤更加洁净。

版九道程序“雨润仙草”

即洗茶，洗茶时动作要快，冲入开水摇动杯子三下后即将水用于洗杯，不成泡太久使茶中的营养物质过多流失。

版十道程序“仙子沐淋”

即用洗茶的汤水来烫洗品茗杯。

版十一道程序“再注甘露”

即向杯中版二次冲人开水。

版十二道程序“乾坤交泰”

即盖杯闷茶三分钟。册套茶艺所用的盖杯称为“三才杯”，杯盖代表天，杯托代表地，傍边的杯子代表人。在道家学说中，天即乾，地即坤。盖上杯盖称之为乾坤交泰，这道程序是讲天涵之，地载之，人育之，天地人三才合一，才能共同化育出茶的精华。

版十三道程序”餐霞服气”

即开杯闻开泡后的茶香。揭盖时应将杯盖后沿下压，使前沿翘起，天地人三才不成分离。在杯身与杯盖之间掀开的缝隙中，水蒸汽带着茶香氤氲上升，如云霞升腾。这一次闻香不仅可用鼻子深闻，亦可用口大口地吸人蒸汽和香气，这如同志家凌晨练功时餐霞服气，以天地间精纯的真气来保养本身的真元，达到练气合神，练神合道，强身健体的目的。

版十四道程序“玉池水涨”

即向晶茗杯中斟茶，同时再三咽下口中的津液。在“餐霞服气”时，茶香会使满口生津。道家养生理论认为这是在闻香凋息时肾气与心气相合，故太极生液。这口中的甘津中有真气，真气中有真水，吞咽而下名日交媾龙虎，曾经常吞服可以滋养真元，延年益寿。吕洞宾在《秘传正阳真人灵宝毕法》中授有口诀：“一气初回元运，真阳欲到离宫。提取真龙真虎，玉池春水溶溶”。所以这道程序称之为“玉池水涨”。

版十五道程序“春色无边”

即鉴赏汤色。文武之道一张一弛。在餐霞服气和玉池水涨这两道要刻意调息的程序后，完全放松一下本身，进一步达到心闲意适，以利于品出茶的真味。

版十六遭程序“涤心洗髓”

即品茶。道家晶茶不是为了解渴，也不是为了文娱，而是为了修身养性。品茶既可澡雪精神，又可以涤净体内新陈代谢所产生的污物，所以称之为涤心洗髓。道家品茶无拘无束，随意随量，兴尽而止。

版十七道程序“金液还丹”

这道程序是巩固并加强品茶的功效。品过茶后口有余甘、齿有余香、舌下生津、神清气爽。这时候仍应静坐不动，垂头曲项，以舌尖抵上腭，自有清甘之液源源而生，味若甘泉，上彻顶门，下通百脉，鼻中自会闻到一种真香，舌端亦生一股奇味，口中之津不漱而咽，下还丹田，道家名日金液还丹。吕洞宾有诀日：“识取五行根蒂，方知春夏秋冬，时饮琼浆数盏，醉归元月殿遨游”。口诀的大意是养生须知五行相生相克之理，做到四时有序。琼浆即口中甘津，元月殿即丹田。“数盏”及“醉归”均为多吞咽之意。武夷留春茶艺以茶为媒体，通过三次吞咽津掖，按照道教以液养气，以气养神，以神养精的原理，达到精、气、神俱旺的养生强身目的，使人延缓衰老，青春常驻，故名为《留春茶》。

版十八道程序“归根复命”

老子在《道德曾经）中讲：“夫物芸芸，各复归于其根。归根曰静，静曰复命。”这道程序即清洗茶具，结束茶事。

佛教茶道养生

佛教和茶早在晋代结缘。相传晋代名僧慧能曾在江西庐山东林寺以自制的佳茗款待挚友陶渊明“话茶吟诗，叙事谈经，通宵达旦”。佛教和茶结缘对推动饮茶风尚的普及并向高雅境界以至发展到创立茶道，立下了不可磨灭的贡献。

佛教的传播与中国化佛教的传人

佛教是世界三大宗教之一。西汉末，自印度传入中国；东汉初，在封建统治阶级中间流行，宣扬“人死精神不灭”，因果报应，不杀生，不偷盗，不淫邪，不妄言，不饮酒，慈悲为本，行善修道等等教义。由于当时战乱频繁，硝烟四起，人民生命涂炭，劳苦大众，富贵荣禄者都可以从佛教教义中得到精神上的慰藉，统治阶级则可以利用佛教麻醉人民，因而传播很快。

佛教的传播者认识到，要使佛教在中国扎根必须与中国国情相揉合。佛教传入中国后，为了求生存与发展，还在思想意识形态和教义上竭力吸收我国传统文化，并互相渗透互为影响，成为中国文化的重要组成部份。东晋后期，佛教领袖慧远竭力把儒家封建礼教和佛教因果报应沟通起来，宣扬孝顺父母，尊敬君主，是合乎因果报应教义的。并直接提出“佛儒合明论”。隋唐时代一些佛教宗派，是调合中国传统思想而创立的，华严宗学者宗密用《周易》“四德”（元、亨、利、贞）调合佛身“四德”（常、乐、我、净）。以“五常”（仁、义，礼、智、信）调含“五戒”（不杀生、不偷盗、不淫邪、不饮酒、不妄言）力图两者相融台，调台儒家的趋势越来越强烈。宋元明清时代，更加注意调合中国传统思想。北宋天台宗学者智园，宣扬“非仲尼之教，则国无以治，家无以宁，身无以安”。而“国不治，家不宁，身不安，释氏之道，何由而行哉?”他还提出“修身以儒，治心以释”儒释共为表里的主张，因而发展成为有中华民族特色的宗教。

茶道的创立与佛教的渗透茶道的创立

中国是茶的故乡，历史悠久，光辉绚丽，但“茶道”一词，很长被人们所遗忘，竟发展到日本学者曾向国人提出“中国有没有茶道?”荒谬而富讽刺的笑话。

对中国茶道的创立，学术界说法不一。有引陆羽《茶经》“精行俭德”四字。有引《封氏见闻记》“又因鸿渐之论广润色之，于是茶道大行。”（请注意，时在晚唐）有“中国明初朱权自创的茶道”等等。百花齐放，可见大家都在深入的研究，形势喜人。陆羽，擅长种菜种茶，首创饼茶炙烤“三沸”煮饮法，对茶的功效论述甚详，对茶的品饮他侧重精神方面的享受，无疑他是我国茶道的奠基人。但遗憾的是他在《茶经》中没有明确提出“茶道”这个词，令人费解。

根据笔者手中资料，“茶道”一词最早是中唐时期江南高僧皎然在《饮茶歌·逍崔石使君》一诗中明确提出来的，诗中云：一饮涤昏寐，情思朗爽满天地；再饮清我神，忽如飞雨洒轻尘；三饮便得道，何须苦心破烦恼。

此物清高世莫知，世人饮酒多自欺。

愁看毕卓瓮间夜，笑看陶潜篱下时。

崔候啜之意不已，狂歌一曲惊人耳。

孰知茶道全尔真，唯有丹丘得如此。

这是一首浪漫主义与现实主义相结合的诗篇，“三饮”神韵相连，层层深入扣紧，把饮茶的精神享受作了最完美最动人的歌颂，不但明确提出了“茶道”一词，而且使茶道一开始就蒙上了浓厚的宗教色彩，是中唐以湖州为中心的茶文化圈内任何僧侣、文人所不可匹敌的。结合皎然其他重要茶事活动，所以笔者认为皎然是中国禅宗茶道的创立者。由于秘藏了1100多年的唐代宫廷茶具在法门寺重现天日，学术界认为唐代实际存在着宫廷茶道、僧侣茶道、文人茶道等多元化各具风格的茶道，从而论证唐代茶文化的博大精深，辉煌璀璨，这是学术界研究的一个突破性进展。但在三种茶道中，笔眷认为僧侣茶道是主要的，其魅力和影响力都超过前二种茶道。佛教对茶道的渗透，史料中有魏晋南北朝时期丹丘和东晋名憎慧远嗜茶的记载。可见“茶禅一味”源远流长。但形成气候笔者认为始启中唐。

从以上诗句中，我们可以体会到寺院中茶味的芳香和浓烈，僧侣敬神、坐禅、念经、会友终日离不开茶。禅茶道体现了良然、朴素、养性、修心、见性的气氛，也揉合了儒家和道家思想感情。唐僖宗以皇家最高礼仪秘藏在法门寺地宫金银系列茶具从设计、塑造和摆设的位置（和佛骨舍利同放在后室）更令人信眼地认识到“茶禅一味”的真谛。禅宗茶道到宋代发展到鼎盛时期，移值到日、韩等国，现在已向西方世界传播中，对促进各国文化交流做出了努力。

中国茶道与佛教

佛教于公元前6——前5世纪间创立于古印度，在两汉之际传入中国，经魏晋南北朝的传播与发展，到随唐时达到鼎盛时期。而茶是兴于唐、盛于宋。创立中国茶道的茶圣陆羽，自由曾被智积禅师收养，在竟陵龙盖寺学文识字、习颂佛经，其后又于唐代诗僧皎燃和尚结为“生相知，死相随”的缁素忘年之交。在陆羽的《自传》和《茶经》中都有对佛教的颂扬及对僧人嗜茶的记载。可以说，中国茶道从一开始萌芽，就于佛教有千丝万缕的联系，其中僧俗两方面都津津乐道，并广为人知的便是——禅茶一味。

禅茶一味

“禅茶一味”的思想基础

茶于佛教的最初关系是茶为僧人提供了无可替代的饮料，而僧人与寺院促进了茶叶生产的发展和制茶技术的进步，进而，在茶事实践中，茶道与佛教之间找到了越来越多的思想内涵方面的共通之处。

其一曰“苦”

佛理博大无限，但以“四谛”为总纲。

释迦牟尼成道后，第一次在鹿野苑说法时，谈的就是“四谛”之理。而“苦、集、灭、道”四第以苦为首。人生有多少苦呢？佛以为，有生苦、老苦、病苦、死苦、怨憎会苦、爱别离苦、求不得苦等等，总而言之，凡是构成人类存在的所有物质以及人类生存过程中精神因素都可以给人带来“苦恼”，佛法求的是“苦海无边，回头是岸”。参禅即是要看破生死观、达到大彻大悟，求得对“苦”的解脱。茶性也苦。李时珍在《本草纲目》中载：“茶苦而寒，阴中之阴，最能降火，火为百病，火情则上清矣”从茶的苦后回甘，苦中有甘的特性，佛家可以产生多种联想，帮助修习佛法的人在品茗时，品味人生，参破“苦谛”。

其二曰“静”

茶道讲究“和静怡真”，把“静”作为达到心斋座忘，涤除玄鉴、澄怀味道的必由之路。佛教也主静。佛教坐禅时的无调（调心、调身、调食、调息、调睡眠）以及佛学中的“戒、定、慧”三学也都是以静为基础。佛教禅宗便是从“静”中创出来的。可以说，静坐静虑是历代禅师们参悟佛理的重要课程。在静坐静虑中，人难免疲劳发困，这时候，能提神益思克服睡意的只有茶，茶便成了禅者最好的“朋友”。

其三曰“凡”

日本茶道宗师千利休曾说过：“须知道茶之本不过是烧水点茶”次话一语中的。茶道的本质确实是从微不足道的日常生活琐碎的平凡生活中去感悟宇宙的奥秘和人生的哲理。禅也是要求人们通过静虑，从平凡的小事中去契悟大道。

其四曰“放”

人的苦恼，归根结底是因为“放不下”，所以，佛教修行特别强调“放下”。近代高僧虚云法师说：“修行须放下一切方能入道，否则徒劳无益。”放下一切是放什么呢？内六根，外六尘，中六识，这十八界都要放下，总之，身心世界都要放下。放下了一切，人自然轻松无比，看世界天蓝海碧，山清水秀，日丽风和，月明星朗。品茶也强调“放”，放下手头工作，偷得浮生半日闲，放松一下自己紧绷的神经，放松一下自己被囚禁的行性。演仁居士有诗最妙：放下亦放下，何处来牵挂？作个无事人，笑谈星月大。愿大家都作个放得下，无牵挂的茶人。

佛教对茶道发展的贡献

自古以来僧人多爱茶、嗜茶，并以茶为修身静虑之侣。为了满足僧众的日常饮用和待客之需，寺庙多有自己的茶园，同时，在古代也只有寺庙最有条件研究并发展制茶技术和茶文化。我国有“自古名寺出名茶”的说法。唐代《国史补》记载，福州“方山露芽”，剑南“蒙顶石花”，岳州“悒湖含膏”、洪州“西山白露”等名茶均出产于寺庙。僧人对茶的需要从客观上推动了茶叶生产的发展，为茶道提供了物质基础。此外，佛教对茶道发展的贡献主要有三个方面。

1．高僧们写茶诗、吟茶词、作茶画，或于文人唱和茶事，丰富了茶文化的内容。

2．佛教为茶道提供了“梵我一如”的哲学思想及“戒、定、慧”三学的修习理念，深化了茶道的思想内涵，使茶道更有神韵。特别是“梵我一如”的世界观于道教的“天人和一”的哲学思想相辅相成，形成了中国茶道美学对“物我玄会”境界的追求。

3．佛门的茶是活动为茶道的发展的表现形式提供了参考。郑板桥有一副对联写得很妙：“从来名士能萍水，自古高僧爱斗茶。”佛门寺院持续不断的茶事活动，对提高茗饮技法，规范茗饮礼仪等都广有帮助。在南宋宗开禧年间，经常举行上千人大型茶宴，并把四秒钟的饮茶规范纳入了《百丈清规》，近代有的学者认为《百丈清规》是佛教茶仪与儒家茶道相结合的标志。三、“禅茶一味”的意境要真正理解禅茶一味，全靠自己去体会。这种体会可以通过茶事实践去感受。也可以通过对茶诗、茶联的品位去参悟。下面的四幅对联与四首茶诗很有趣，对理解“禅茶一味”的意境有一定帮助。

茶联四幅

1. 茶笋尽禅味，松杉真法音。——苏东坡

2. 一勺励清心，酌水谁含出世想，

半生盟素志，听泉我爱在山声。——招隐寺内

3. 四大皆空，坐片刻不分你我，

两头是路，吃一盏各走东西。——洛阳古道一茶亭所书

4. 一卷经文，苕霖溪边真慧业，

千秋祀典，旗枪风里弄神灵。——上饶陆羽泉联

茶诗四首

1. 题德玄上人院

杜荀鹤（唐）

刳得心来忙处闲，闲中方寸阔于天。

浮生自是无空性，长寿何曾有百年。

罢定磬敲松罅月，解眠茶煮石根泉。

我虽未似师被衲，此理同师悟了然。

2．与茶亢居士青山潭饮茶

灵一和尚（唐）

野泉烟火白云间，坐饮香茶爱北山。

岩下维舟不忍去，青溪流水暮潺潺。

3．失题

陈继儒（明）

山中日日试新泉，君合前身老玉川。

石枕月侵蕉叶梦，竹炉风软落花烟。

点来直是窥三味，心后能翻赋百篇。

欲笑当年醉乡子，一生虚掷杖头钱。

4．茶与中国文化发展

赵朴初

七碗受之味，一壶得真趣。

空持百千偈，不如吃茶去。

读了这几首茶诗、茶联，您能从“禅”中闻到“茶”香，能从“茶”中品出“禅”味么？

茶道中的佛典与禅语

“石蕴玉而山晖，水含驻而川媚。”中国茶道得佛教文化的滋养，如石蕴玉，如水含珠。在茶道中佛典和禅语的引用，往往可启悟人的慧性，帮助人们对茶道内涵的理解，并从中得到悟道的无穷乐趣。

一、无

“无”是历史上禅僧常书写的一个字，也是茶室中常挂的墨宝。“无”不是世俗所说的“无”，而是超越了世俗认为的“有”“无”之上的“无”，是佛教的世界观的反映。讲到“无”，不能不提起五祖传道的典故。禅宗五祖弘忍在将传授衣钵前曾召集所有的弟子门人，要他们各自写出对佛法的了悟心得，水写得最好就把衣钵传给谁。弘忍的首座弟子神秀是个饱学高僧，他写道：身是菩提树，心如明镜台。时时勤拂拭，莫使惹尘埃。弘忍认为这偈文美则美，但尚未悟出佛法真谛。而当时寺中一位烧水小和尚慧能也作了一偈文：菩提本无树，明镜亦非台。本来无一物，何处惹尘埃。弘忍认为，“会能了悟了”。于是当夜就将达摩祖师留下的袈裟和铁衣钵传给了慧能,。因为慧能明白了“诸性无常，诸法无我，涅磐寂静”的真理。只有认识了世界“本来无一物”才能进一步认识到“无一物中物尽藏，有花有月有楼台。”茶学界普遍认为，只有了悟了“无”的境界，才能创造出“禅茶一味”的真境。“无”是茶道艺术创造的源泉。

二、直心是道场

茶道界把茶室视为修心悟道的道场。“直心”即纯洁清静之心，要抛弃一切烦恼，灭绝一切妄念，存无杂之心。有了“直心”，在任何地方都可以修心，若无“直心”就是在最清静的深山古刹中也修不出正果。茶道认为现实世界即理想世界，求道、证道、悟道在现实中就可进行，解脱也只能在现实中去实现。“直心是道场”诗茶人喜爱的座右铭。

三、平常心是道

“平常心”是指把“应该这样做，不应该那样做”等等按世俗常规办的事的主管能动彻底忘记，而应保持一个毫无造作，不浮不躁，不卑不亢，不贪不嗔的虚静之心。

四、万古长空，一朝风月

这句话典出于《五灯会元》卷二。有一次有僧人问崇慧禅师：达摩祖师尚未来中国时，中国有没有佛法。崇慧说："尚未来时的事暂且不论，如今的事怎么做?"僧人不懂，又问："我实在不领会，请大师指点。"崇慧禅师说："万古长空，一朝风月。隐指佛法于天地同存，不依大摩来否而变，而禅悟则是每个人自己的事，应该着眼自身，着眼现实，而不管他大摩来否"。

六如禅茶

佛祖在《金刚经》的结尾，用一首偈开悟有情众生。偈云："一切有为法，如梦幻泡影，如露又如电，应作如是观。"六如禅茶即遵循佛祖的教喻，用一颗无所往的平常心来泡茶，并在每一道程序中去细心体会活在当下的真切感受。

修习这套功法最重要的一点是，在努力做到物我两忘的同时，自始至终要用意念引导一股真气，像打太极拳一样绵绵不绝，畅通无碍。

六如禅茶按二人品茗设计器皿需要如下：烧水器具一套，绿檀木茶盘一个，绿檀木茶道具一套，青花茶荷一个，紫砂水盂一个，佛乐碟片一张，茶巾一条，玻璃杯两只，香炉一个，香三枝，插花一组。凤冈富硒富锌有机茶 6 克。

这套功法亦可选用其他绿茶，但是考虑到国人普遍缺硒和锌这两种微量元素，从养生的角度看，凤冈富硒富锌有机茶是最佳选择。

六如禅茶的基本程序如下：

①焚香礼佛；

②吐故纳新；

③法海听潮；

④法轮常转；

⑤佛祖拈花；

⑥菩萨入狱；

⑦漫天法雨；

⑧凤凰涅槃；

⑨止观调息；

⑩如人饮水；

⑪圆通妙觉；

⑫再吃茶去。

下面对上述程序作具体说明：

第一道程序：焚香礼佛

焚香礼佛既是发自内心的对佛祖的尊敬，又是为了营造一种庄严、祥和的品茗气氛。“佛受三炷香”，焚香时要同时点燃三炷香，用双手的中指与食指夹住香，用拇指顶住香根，左手在外，右手在内。先把香置于胸前，再缓缓提起，举香齐眉，香头平对着佛像或正前方的虚空（心中有佛即可）。

插香时要用左手，第一炷香插在香炉的当中，默念：供养十方三师三宝；第二炷香插在右边，默念：供养一生父母师长；第三炷香插在左边，默念：供养十万一切众生。插香毕，合掌问讯后再默念：愿此香华云，直达诸佛所；恳求大慈悲，施与众生乐。

焚香礼佛后即可安坐于茶桌前。

第二道程序：吐故纳新

即用气功导引法入静。坐姿含胸拔背，双手在下腹部结定印，眼若垂帘或微闭，舌抵上颌，全身放松，用腹式呼吸。吸气时收缩肛门，提外阴（生殖器），胸部自然舒展，意念中想着外气从鼻、脐及全身毛孔吸入；呼气时放松肛门、外阴。可默念一行禅师的《随息》或《呼吸，你活着》。最好能根据生活的感受，自编一首呼吸诗。

第三道程序：法海听潮

即在烧开水时用心听壶中的水声。佛教认为“一花一世界，一沙一天国”，从小中可见大，从水的鼎沸声中，我们可能会有“法海潮音，随机普应”的感悟。

第四道程序：法轮常转

即洗杯。法轮喻指佛法，而佛法就在日常平凡的生活琐事中。洗杯时手法要轻柔，在杯中注入1/4杯开水后，杯口斜朝下方并对准水盂，慢慢转动一圈，让水流不断线地从杯口流入水盂。洗杯的目的是使茶杯洁净无尘，修习茶道的目的是使心中洁净无尘。在洗杯时或许会因杯转心动而悟道。

第五道程序：佛祖拈花

佛祖拈花微笑典出于《五灯会元》。据载，世尊在灵山法会上拈花示众，是时众皆默然，唯迦叶尊者领悟了佛旨而破颜微笑。借助“佛祖拈花”这道程序，有客人向客人，没客人向自己展示茶叶。望着手中的一芽茶叶，不知心有什么感悟？

第六道程序：菩萨入狱

这里的菩萨是指地藏王菩萨。据佛典记载，为了救度众生，地藏王菩萨表示：“我不入地狱，谁入地狱？”“众生度尽方成正觉，地狱不空誓不成佛。”投茶入杯，正如菩萨入狱，赴汤蹈火。泡出的茶可振万民精神，恰如菩萨救度众生。

第七道程序：漫天法雨

即向杯中冲入开水。冲水时水壶要提高，水线要细而不断，以利降温。佛法无边，润泽众生，看漫天法雨如醍醐灌顶，可使人清醒，由迷达悟。

第八道程序：凤凰涅槃

在开水的浸润下，茶芽舒展开来，茶的生命复苏后，好像绿精灵，在杯中翩翩起舞，这恰是凤凰涅槃，实现着生命的轮回。

凤冈富硒富锌有机茶属于扁平茶，茶相很美。冲入开水时，茶芽随水浪上下翻腾，如游鱼戏水，如绿蝶翻飞；冲水后，茶芽先是浮在水面，摇摇晃晃，如万笔书天。而后慢慢沉入杯底，立着的如“所谓伊人，在水一方”，翘首企盼，楚楚动人。倒下的则像绿色的卧佛，安详而平静。真是佛无所不在。

第九道程序：止观调息

这道程序是闻香，在完成了上述泡茶程序后，应静下心来闻香品茗，闻香时要尽量深呼吸，多吸入茶香，并让茶香直达颅门，反复数次，有益于健康。

第十道程序：如人饮水

这是对茶的感受，也是对禅的感受。品茶参禅都是“如人饮水，冷暖自知”，无须多言。

第十一道程序：圆通妙觉

品绿茶一般要品三道：品第一道茶如品味人生，在苦涩中总能回甘；第二道茶的茶汤更绿，茶香更浓，滋味更醇，品之如品大自然的甘露，从中可品到春天的气息和大自然孕育出的盎然生机；第三道茶淡了，淡淡的，如品佛法的真谛，品后淡定地一笑。正是“有感即悟，千杯茶映千杯月；圆通妙觉，万里云托万里天”。

第十二道程序：再吃茶去

饮罢茶要谢茶。我们必须用感恩之心来对待生活。谢茶是为了相约再品茶。“茶禅一味”嘛。茶要常品，禅要常参，性要常养。还是赵州老和尚讲得好：“吃茶去!”

佛教的四季养生茶配方

中国传统医学以“天人合一”、“阴阳调和”为理论基础。中医学认为，人生活在大自然中，必须顺应大自然一年四季气候的变化规律，才能健康长寿。《灵枢·本神》指出：“故智者之养生也，必须顺四时而适寒暑。”《素问？四气调神大论》也指出：“夫四时阴阳者，万物之根本也，所以圣人春夏养阳，秋冬养阴，以从其根。”饮茶也应当顺四时，适寒暑，只有这样，茶的保健功效才能得到充分的发挥。配制保健茶时更应注意季节的变化。

(1) 春季养生茶

“春三月，此谓发陈，天地俱生，万物以荣。”(《素问？四气调神大论》) 春天风和日暖，阳气升发，草木复苏，万物生机盎然，人体通过一个冬天的调整休息之后，新陈代谢变得旺盛，“春气通肝”，因此可适当饮用疏肝泄风、发散升提的茶饮。另外，春天北方干燥，南方阴湿，所以南北方的茶疗配方应因地制宜。春天还易患感冒，宜配制一些防治感冒的药茶。

①肉桂生姜茶（适于南方）

肉桂10克，生姜6片，红茶5克，红糖15克，用沸水冲泡5分钟后饮用。肉桂辛甘温，解肌发表，温通经脉，通肝化气；生姜味辛，性温，可开胃，调中，去冷气。肉桂可反复冲泡直到味淡再丢弃。

②金银花山楂茶（适于北方）

金银花30克，山楂10克，绿茶10克，蜂蜜适量。将金银花、山楂加水煮沸5分钟后趁沸加入绿茶，再煮一会儿即倒出茶汤，晾凉后调蜜饮用。金银花性味甘寒，可清热解毒；山楂味酸，性冷可消食、补脾；蜂蜜味甘，性平，可益气补中润脏腑。本配方最宜西北干燥地区春天饮用。

（2）夏季养生茶

“夏三月，此为蕃秀，天地气交，万物华实。”（《素问·四气调神大论》）夏天阳气旺盛，气候炎热，人体新陈代谢旺盛，且因暑热逼人，流汗过多，易耗身体真元，“夏气通心”，因此宜饮用清心去暑、宜气生津类的茶饮。

①灵芝银耳茶

灵芝草片6~9克，银耳15克，绿茶3克，冰糖适量。银耳洗净炖熟，灵芝草片与绿茶用沸水冲泡后取茶汤，与银耳混合均匀，加入冰糖再炖5分钟即可连汤服用。

②鱼腥草茶

鱼腥草5克，绿茶3克。用沸水冲泡后常饮，可清热、利尿、解毒。

③竹叶甘草茶

淡竹叶5克，甘草3克（切片），绿茶3克。用沸水冲泡后常饮，亦可加蜂蜜或冰糖，能清热、解毒、润喉。

④竹叶薄荷茶

淡竹叶 20 克，绿茶 10 克，薄荷 10 克，冰糖适量。将淡竹叶加足量水煮沸 5 分钟后，趁热加入绿茶，离火后再加入薄荷，加盖焖 3 分钟后，倒出茶汤加入冰糖，放凉后置入冰箱供冷饮，可解暑、清热、润喉。

⑤芦荟茶

芦荟 3 克（切片），绿茶 3 克，用沸水冲饮，可清热通便。

（3）秋季养生茶

“秋三月，此谓容平，天气以急，地气以明。”（《素问·四气调神大论》）秋天气候由热转凉，万物渐趋凋谢，人体受秋燥的影响，常出现肺燥、阴津不足等症状。“秋气通肺”，故宜补阴。

①竹茹银耳茶

干竹茹 10 克，银耳 10 克，乌龙茶 5 克，冰糖适量。将竹茹、银耳洗净，加冰糖炖烂，乌龙茶用沸水冲泡 3 分钟后取茶汤注入银耳、竹茹中，再炖一会儿即可连汤服食，可清心明目、滋阴润肺。

②双耳茶

银耳、黑木耳各 10 克，冰糖 30 克，乌龙茶 5 克。将银耳、黑木耳洗净，加冰糖炖烂，乌龙茶用沸水冲泡后，将茶汤与炖烂的双耳混合服食，可滋阴、补肾、润肺。

③梨子茶

梨子 100 克，乌龙茶 5 克，冰糖适量。将梨子去皮切片，加入冰糖用乌龙茶汤炖服。

④枇杷竹叶茶

鲜枇杷叶30克，淡竹叶15克，绿茶5克。将枇杷叶刷去表面的绒毛，与淡竹叶一同洗净，切碎，加水煮沸10分钟，趁沸加入绿茶，加盖焖3分钟，倒出茶加适量冰糖饮用，可清肺、止咳、降火。

⑤麦地茶

麦门冬5克，生地5克，绿茶3克。前两味药加水煮沸5分钟后，将汤冲泡绿茶饮用，可养阴清热、除烦止渴。

⑥天门冬茶

天门冬10克，绿茶3克，冰糖适量。沸水冲泡后饮用，可滋阴、清肺、降火。

(4) 冬季养生茶

“冬三月，此谓闭藏，水冰地坼。”（《素问·四气调神大论》）冬天阳气闭藏，阴气聚盛，寒气逼人，人体新陈代谢缓慢，精气内藏。“冬气通肾”，在这个季节应注意温补助阳，补肾填精。

①枸杞桂圆茶

桂圆肉10克，红枣10枚，枸杞3克，莲子20克，红茶5克，红糖适量。将桂圆肉、红枣、枸杞、莲子加红糖用红茶汤炖服。桂圆肉补血，莲子固精，红枣补血补气，枸杞补肾养肝，这几种食品配伍后可大补元气，益精壮阳。

②菟丝子茶

菟丝子10克，红茶3克，用沸水冲泡后热饮。菟丝子味辛甘性平，常服可补肝肾、益精髓。

③肉桂奶茶

肉桂3克（碾碎），红茶3克，用纱布包好加水煮沸5分钟后再加入一杯鲜奶和适量白糖，再沸后即可饮用。

④肉桂良姜茶

肉桂3克（碾碎），高良姜2克（切片），当归2克，厚朴2克，人参1克，红茶3克。用沸水冲泡5分钟后饮用，可温中祛寒，治冷气攻心。

⑤参桂茶

人参2克，肉桂4克，黄芪3克，甘草3克，红茶3克。用沸水冲泡5分钟后饮用，可益气温中，治气血两亏。

⑥冬虫夏草茶

冬虫夏草3克，红茶3克，用沸水冲泡5分钟后饮用，可补虚益精。儒家茶道养生

儒家茶道养生

中国传统哲学基本上是关于生命问题的思考，其功用不在于增加外界的知识，而在于提高心灵的境界。因此中国式的智慧，更加注重心性的修养与提升。故一直是重道轻学、重道轻艺的。中国传统文化的主流可分为两种形态：一是道家佛家所主张的对现世的超越与个人精神的自得。另一种就是儒家强调的人世关怀与道德义务。孔子曰："朝闻道，夕死可矣。"儒家的"道"是有道德意义的，这与道家学说中不含道德意义的"道"完全不同。其思想根源之一是"德政"，即对稳定的政治秩序和良好的君民关系所作出的要求。儒家将人的生命视为道德实践的过程，有着完整的修养规范，即"格物、致知、正心、诚意、修身、齐家、治国、平天下"。儒学的总则是"仁"，"成仁"就是要面对人、树立人、在人世间、人群中实现人的价值。

中华茶道对儒家思想的吸收主要体现在"诚敬、静定"等修行方法。儒学大家朱熹特别重视"敬"这一修养方法。朱子认为"敬"不仅是修行方法，还是精神境界。其内涵为：收敛（不放纵散逸）、谨畏（内心谨慎敬畏）、警醒（内心的觉醒）、主一（心中有主，专注不受干扰）、整齐严肃（服饰举止需端庄）。"静定"与佛家道家虚无、超脱的"静"形式上类似，而内涵不同。

儒家的“静定”是内心恒久持存天理、杂念不起、私欲不生。历代的茶人多为文人儒士，是中华茶道普及和发展的主力军。因此儒家思想是中华茶道思想的骨与肉，提倡以茶为友、寓茶励志，是十分务实的感悟人生之道。唐代诗人白居易诗曰：“坐酌泠泠水，看煎瑟瑟尘。无由持一碗，寄与爱茶人。”琴棋书画诗酒茶，成为文人雅士的必修之艺。儒士茶人通过以茶雅志，品味人生。宋代著名的书法家蔡襄，是一位评泉鉴茶大家。他在“兔毫紫瓯新，蟹眼清泉煮”的试茶之际，不忘忧国忧民，希望泉水化作人间春雨润泽大地，让百姓受益。儒士乐茶，还表现为追求闲适人生（偷得浮生半日闲）、隐逸人生（归隐江湖以茶诗为友，独善其身）、风流人生（是真名士皆风流，徐渭说品茗最好是“素手汲泉、红妆扫雪”，风流而不失儒雅。）

综上所述，中华茶道广泛吸收了儒、释、道三家的哲学思想与修行方式，提倡通过饮茶启发智慧，将个人的感情融入自然，在饮茶养生之余，对自我的内心作出提升。

茶人习茶，通过视觉、味觉、嗅觉、触觉、听觉等等，感受茶的形态、色泽、滋味、香气。静心领悟涤器、煮水、点茶、品饮诸过程的节奏韵律之美。同时要在用具、衣着、环境、情绪、举止、修养、品味等多个方面不断自我约束与提高。

俗话说：人生不如意事常八九，可与人言者不足一二。且定下心来，凝神定气点一道茶给自己，至少这一刻是宁和快乐的。

普洱岁月

有人曾询问过中国末代皇帝：“清代皇帝喝什么茶？”溥仪回

答："夏喝龙井，冬喝普洱。"其实在清代皇宫中，不仅皇帝爱喝普洱，太后、娘娘、格格、阿哥们也都爱喝普洱。慈禧太后便是把喝普洱视为美容养颜的秘方。本文中我们将介绍一种儒家茶道养生功法即普洱茶的功夫喝法——普洱岁月。

一、器皿组合

烧水炉具一套，木茶盘一个，宜兴紫砂壶一把，紫檀木茶道具一套，水盂一个，水晶玻璃公道杯一个，茶滤一个，茶巾一条，白瓷或玻璃品茗杯若干个，熟普洱一饼（以"金达摩"为例）。

二、基本程序

1. 马蹄踏月；

2. 古道寻春；

3. 回望旭日；

4. 笑沐春风；

5. 月宫折桂；

6. 洗尽沧桑；

7. 调出陈韵；

8. 品味历史；

9. 气冲牛斗；

10. 赤龙搅海；

11. 把玩茶壶；

12. 清盘洁具。

三、功法说明

在烧开水时，候汤有一段时间，在这段时间里完成1～4道程序，为品茗做好生理和心理的准备。

1. 马蹄踏月

古时普洱茶是由马帮沿着茶马古道运往各地的。这道程序是借鉴“老子按摩养生法”中的“震命门”和“叩腰脊’’的程序. 调动意念，心中好像能看到马匹在茶马古道上踏着月光行走，能听到马蹄踏在石板路上发出的清脆的声音。然后双手握空拳，以心中默想的马蹄声为节奏，先以拳眼叩击命门穴（第二腰椎棘突下），并横向两侧肾俞穴（命门穴两旁的二横指处），叩击30~60下。然后加快节奏，好像马儿下山时小跑，用拳眼叩击腰脊两侧，从尽可能高的部位开始，逐步向下至骶部。叩击时可配合弯腰挺腰动作，重复做10~20次。此功法具有激发肾气、强腰健膝、消除腰椎疲劳的功效。

2. 古道寻春

知识分子是脑力劳动者，工作了一天，一般眼睛都很疲劳。这道程序是借助“运双目”的功法来生发肝气，清肝明目。在完成第一道程序后，端坐凝视，头正腰直，两眼球先顺时针方向缓缓旋转6周. 然后瞪眼前视片刻，心中想象着在观赏茶马古道的春色，再逆时针方向如法操作，做3~6次。

3. 回望旭日

双手握拳顶住左右腰眼。腰身坐直，低头慢慢边转头边抬头，从左肩上尽量向后望，心中放大光明，好像回头望旭日东升。头部转回正中，再低头如法向右后望，各做5次。然后以颈椎为轴. 慢慢地顺时针、逆时针各转头5圈。此法可疏通脑部经脉，活动颈椎，振奋元阳，激发中气。

4. 笑沐春风

即用福田千晶的“呼吸法健康术”进行逆腹式呼吸。呼吸时正坐．伸直背部，双手轻松地放在腿上。腹部下凹时胸部扩张吸气，腹部鼓起时呼气，鼻吸鼻呼。进行逆腹式呼吸时，横膈膜有意识地在上下约 10 厘米的范围内运动。一旦横膈膜运动，内脏也就跟着一起运动，这种运动对内脏是非常有益的刺激，可使内脏功能更活跃．对消化不良者、胃下垂者、便秘者都很有好处，能改善血液循环，且有减肥作用。

完成了以上步骤就可以证实泡茶了，对于茶道养生并不是很了解的人可能会觉得这样的泡茶方式很繁杂，简简单单冲泡一下就可以了，多么简单自在。可是会喝茶的人都知道，喝茶在品，并不在解渴，所以茶道中的奥秘和养生文化了解了才算真正在喝茶。

第十章
茶之源

茶，原产于中国，故中国被称为茶的故乡。中华先民发现茶和利用茶的历史已经很久远了，最早可以追溯到从远古时期进入到文明时代，从那时起人类就对茶有了初步的认识。

品茶道荣源

品茗轩

使风

（唐）韩渥

茶香睡觉心无事，一卷黄庭在手中。

攲枕卷帘江万里，舟人不语满帆风。

一、茶之起源与传播

最早对茶的文字记载是在秦汉年间《尔雅》中的“桢，苦茶”，随后，在西汉司马相如的《凡将篇》、扬雄的《方言》，三国时期魏国张揖的《广雅》，晋代陈寿的《三国志》等文章中均出现了有关茶的记载。

到了唐代，饮茶已经颇为盛行，不仅贵族们喜爱啜饮，民间的饮茶之风也开始大为流行。被后人尊为“茶圣”的陆羽所著的《茶经》便是这一时期的代表，在奠定了中国茶文化的理论基础的同时，茶这种文化载体也被世人所接受。宋朝拓宽了茶文化的社会层面和文化形式，历史上有“茶兴于唐，盛于宋”之说。宋人的饮茶风格非常精致，讲求茶品、火候、煮法和饮效等，使得这时的“茶事”十分兴旺，也使茶艺走向了繁复、琐碎和奢侈。元朝时，北方民族虽然也嗜好饮茶，但对宋人繁琐的茶艺却不推崇，文人也无心用茶事来表现自己的风流倜傥，而只是希望在茶中表现自己的清高、磨炼自己的意志，逐渐形成了当时茶艺简约、返璞归真的自然风格，至今这种简洁的茶文化风格还较为流传。到了明代，茶事经营已经很普遍，此时的饮茶方法由煮茶逐渐改为了泡茶。到了清初之时，精细的茶文化再次出现，制茶、烹饮等茶事虽然不像宋时的繁琐，但茶风已开始趋向纤弱。随着近现代文明的发展，茶已经成为家庭日常生活中必不可少的饮品，爱好饮茶的人遍及全国各地。现在，茶不仅是我们生活中的一部分，也渐渐地成为一种文化载体，更多的是表现为一种饮茶的美丽心情、一种品味人生的优雅意境。

中国茶叶、茶树、饮茶风俗及制茶技术，随着中外文化交流和商业贸易的开展而传向世界各地。最早传入日本、朝鲜，其后由南方海路传至印尼、印度、斯里兰卡等国家。16 世纪传至欧洲各国，并进而传到美洲大陆，又由北方传入波斯、俄国。到了 19 世纪，茶叶的传播几乎遍及全球。1886 年，我国茶叶出口量达 268 万担，是历史记载出口最多的一年。西方各国语言中“茶”一词，大多源于当时海上贸易港口福建、厦门及广东方言中“茶”的读音。可以说，中国给了世界茶的名字、茶的知识、茶的栽培加工技术，世界各国的茶叶，直接或间接与我国茶叶有着千丝万缕的联系。

二、茶之利用与发展

茶在中国很早就被认识和利用。数千年前我国就有了茶树的种植和茶叶的采制。据考证，茶被各阶层广泛普及、品饮大致是在唐代陆羽的《茶经》传世以后。唐代《封氏闻见录》中记载："学禅务于不寐，又不夕食，皆许其饮茶。人自怀伽，到处煮饮，从此转相仿效，遂成风俗。"说明茶已被世人接受的一个事实。又有唐诗人杜牧的一句"今日鬓丝禅榻畔，茶烟轻扬落花风"，更是生动地描写了老僧煮茶时闲静雅致的情景。所以，宋代有诗云："自从陆羽生人间，人间相学事春茶。"也就是说，茶发明以后，有一千年以上的时间并不为大众所熟知。随着茶文化逐渐被世人的接受和认同，才逐渐在各阶层中间广泛传播开来。

随着茶叶的传播，目前茶叶的生产和消费几乎遍及全国和世界五大洲的国家和地区。我国是茶叶的故乡，加之人口众多，幅员辽阔，因此茶叶的生产和消费居世界之首。我国地理环境优越，地跨六个气候带，地理区域东起台湾基隆，南沿海南琼崖，西至藏南察隅河谷，北达山东半岛，绝大部分地区均可生产茶叶。全国大致可分为四大茶区，包括江南茶区、江北茶区、华南茶区、西南茶区。全国茶叶产区的分布，主要集中在江南地区，尤以浙江和湖南产量最多，其次为四川和安徽。甘肃、西藏和山东是新发展的茶区，年产量还不太多。近年来，我国

茶园面积已达1600多万亩，年产茶叶40万吨左右，茶叶出口量达13．5万吨左右。

由于茶叶受到世界各地人们的广泛欢迎，并成为世界三大饮料（即茶、咖啡、可可）之一，所以世界茶业的发展规模和速度也很快。目前，世界五大洲中已有50个国家种植茶树，茶区主要集中在亚洲。茶叶产量约占世界茶叶产量的80%以上。今天，茶叶生产和饮用已经历了几千年的历史过程，人们对茶叶的需求也出现新的要求。茶，这种天然保健饮料必将愈来愈受到人们的青睐。与此同时，由于茶富含大量对人体有益的元素，经常饮用可对人体起到一定的保健和防病作用。茶叶，成为人们生活中不可缺少的伴侣。

饮茗话宗教

品茗轩

饮茶歌诮崔石使君

（唐）僧皎然

一饮涤昏寐，情思朗爽满天地；
再饮清我神，忽如飞雨洒轻尘；
三饮便得道，何须苦心破烦恼。

茶与宗教的关系十分密切，自古就有不解之缘。在宗教道义看来，茶的精神与宗教的教义是相融合、相通的，饮茶者的心灵似乎也完全通透。佛教颂茶为神物，向佛祖献茶，成为寺院食规；道教称茶为“仙草”，把茶看为通向仙界的“天梯”；伊斯兰教认为，茶为正心之物，符合真主旨意，以茶代酒便成为信奉伊斯兰教国家的生活习惯，而如今他们在饮茶时，往往爱加上几片新鲜的薄荷叶和冰糖，这种茶具有清凉滋阴、芳香开窍、提神健脑的功能，尤其是贵客到了，更是要先敬三杯茶，客人必须把茶喝完，算是尊重主人，合乎礼节。而茶与基督教三大派别之一的天主教关系也较密切，早在1560年葡萄牙神父把天主教传入中国的同时，也将我国茶叶和饮茶知识带回欧洲，说中国“凡上等人家皆献茶敬客，此物味略苦，呈红色，可治病”。外国的一些教士在谈起中国饮茶习俗时都会说：“主客见面，互通寒暄，即敬献一种沸水冲泡之草汁，名为茶，颇为名贵。中国人用这种药草煎汁，用以代酒，可以保健而防病。”在我国民间，自古人们便把茶当做提神醒脑、驱魔祛邪、宁静清雅、淡泊人生的和平饮料，与此同时，还用茶祭天祀祖，告慰神灵，以慰心愿。这也成为茶与宗教结下不解之缘的一个源头。

在中国宗教中，最基本的便是禅、道二教。“自然”理念导致道教淡泊超逸的心志，正与茶的自然属性极其吻合，由此也树立了茶文化虚静恬淡的本性。而儒家讲究“以茶可行道”，所以茶文化注重“以茶可雅志”的人格思想就成为儒家饮茶者自省、审己、清醒看待自我的一个出发点。其实，中国茶文化以其特有的方式真正体现出的是“禅风禅骨”。禅佛在茶的种植、饮茶习俗的推广、饮茶形式传播及美学境界的提升诸方面贡献最为巨大。

“天下名山僧侣多”，“自古高山出好茶”。历史上许多名茶出自禅林寺院，而禅宗之于一系列茶礼、茶宴等茶文化形式的建立，均具有高超的审美趣味，对中国茶文化的持续发展起到了互为促进的作用。可以说，品茗的重要性对于禅佛，早已超过道教。而“吃茶去”这一禅林法语所暗藏的丰富禅机，“茶禅一味”的哲理概括所浓缩的深刻涵意，都成为茶文化发展史上的思想精神。

佛教于公元前6世纪至前5世纪间创立于古印度，在两汉之际传入中国，经魏晋南北朝的传播与发展，到隋唐时达到鼎盛时期。而茶兴于唐，盛于宋。创立了中国茶道，并且对世界茶道也影响深远的茶圣陆羽，相传曾被智积禅师收养，在竟陵龙盖寺学文识字、习颂佛经，其后又与唐代诗僧皎然和尚结为“生相知，死相随”的忘年之交。在陆羽的《自传》和《茶经》中都有对佛教的颂扬及对僧人嗜茶的记载。可以说，中国茶道从一开始萌芽，就与佛教有着千丝万缕的联系。

一、茶与佛结缘

根据史料记载以及民间传说，我国古今众多的名茶中，有不少最初是由寺院种植、焙制的。四川雅安出产的“蒙山茶”，亦作“仙茶”，相传是汉代甘露寺普慧禅师亲手所植，因其品质优异，被列为贡品向皇帝纳贡；而福建武夷山出产的“武夷岩茶”，前身叫“乌龙茶”，该茶以寺院采制的最为正宗，僧侣按不同时节采摘茶叶，分别制成“寿星眉”、“莲子心”和“凤尾龙须”三种名茶；北宋时，江苏洞庭山水月院的山僧采制的“水月茶”，即现今有名的“碧螺春茶”；明朝隆庆年间，僧徒大方制茶精妙，其茶名扬海内，人称“大方茶”，是现在皖南茶区所产的“屯绿茶”的前身；浙江云和县惠明寺的“惠明茶”，有色泽绿润，久饮香气不绝的特点。此外，产于普陀山的“佛茶”、黄山的“云雾茶”、云南大理感通寺的“感通茶”、浙江天台山万年寺的“罗汉供茶”、杭州法镜寺的“香林茶”等等，都是最初产于寺院中的名茶。

在中国众多的寺院中，在崇尚饮茶、种茶的同时，还将佛家清规、饮茶读经与佛学哲理、人生观念融为一体，因此就有了“茶佛不分家”、“茶禅一体”、“茶禅一位”的说法。茶与佛相通，均有主体感受，非深味而不可。饮茶需心平气静，在这种环境里才能品出茶的清香、茶的悠远。饮茶更讲究一种井然有序的啜饮，以求环境宁静和心灵清净、安逸，以求在茶中品味佛的真谛。这一切的根源在于茶道与佛教在文化性格上属于同一色调：静寂，清旷、安祥而又端肃，追求清雅、向往和谐是二者之间要共同达到的目的。法喜禅悦并非出家人的专利，亦为茶人之一大精神享受。自古中国佛教就有品茶是参禅的前奏，参禅是品茶的目的之说，二位一体，水乳交融。

茶与佛有如此深奥的关系，以至于武夷山的和尚就有了斗茶的习俗。有记载说，“吴晋之际，佛教从中原传入闽中，于是佛寺相继兴建。建州山水奇秀，岩壑幽胜，士人多创佛刹、落落相望”。此时，武夷山“寺观庙宇僧人相继种茶”，“天下名山僧占遍，自古高僧爱斗茶”。佛门寺庙的茶事活动，对提高茗饮技法，传播茗饮习俗，都与茶文化结下了不解之缘。宋林逋《西湖春日诗》：“春烟寺院敲茶鼓，夕照楼台卓酒旗”以及《宋诗钞》陈造的“茶鼓适敲灵鹫院，夕阳欲压锗斫城”，都生动地描写出茶鼓声下寺院的幽雅意境和茶在佛中的位置。我国不少佛门圣地高龄僧人数不胜数，究其长寿原因，除心静止如水、不与世事争外，还因与长期饮茶有密切关系。

二、佛教兴茶

佛教的重要活动是僧人坐禅修行，“过午不食”、不可饮酒、戒荤吃素，以求解脱。这就要求僧人做到：“跏趺而坐，头正背直，不动不摇，不委不倚”。因而，需要有一种既符合佛教戒规，

又能消除坐禅带来的疲劳和补充“过午不食”的营养。茶叶中各种丰富的营养成分及提神生津的药理功能，自然使它成为僧侣们最理想的饮料。陆羽《茶经》中指出：“茶味至寒，最宜精行俭德之人。”在古人看来，茶能清心、陶情、去杂、生精，茶具有“三德”，即坐禅通夜不眠、满腹时能帮助消化、轻神气、抑制性欲。禅宗坐禅很注重五调，即调食、调睡眠、调身、调息、调心。故饮茶最符合佛教的生活方式和道德观念，从而茶叶成了佛教的“神物”。

饮茶即是禅的一部分，或者可以说“茶是简单的禅”、“生活的禅”。自古茶与僧人日常生活的关系就很密切。相传晋代名僧慧能曾在江西庐山东林寺，以自制的佳茗款待挚友陶渊明，“话茶吟诗，叙事谈经，通宵达旦”。东晋高僧怀信在《释门自镜录》

中说："跣定清谈，袒胸谐谑，居不愁寒暑，食不择甘旨，使唤童仆，要水要茶。"又据《晋书·艺术传》记述，东晋敦煌人单道开，在后赵都城邺城（今河北临漳一带）昭德寺修行时，室内坐禅，昼夜不眠，不畏寒暑，诵经40余万言，经常用饮茶来提神防睡。唐宋时期，佛教盛行，寺院饮茶之风更烈。唐代封演的《封氏闻见记》写道："开元中，泰山灵岩寺有降魔师，大兴禅教，学禅，务于不寐，又不夕食，皆许其饮茶，人自怀挟，到处煮饮。"

佛教对茶的传播起了很大的促进作用。公元729年，日本圣武天皇派高僧最澄禅师来中国交流佛教。回国时他带走了茶种，播于国台山麓，深受皇家赞赏，并将茶种扩大到五个县，成为皇室贡茶。1191年，日本荣西禅师来中国时，也带茶籽种于福冈等地，并竭力宣扬饮茶好处。1211年，荣西禅师著有《吃茶养生记》，卷首开头便写道："茶也，养生之仙药也，延龄之妙术也，山谷生之，其地神灵，人伦采之，其人长命。"有史料记载，荣西禅师还曾用茶治好了大将军源实朝的糖尿病。由此吃茶养生在日本广为流传，并逐渐形成了独到的茶道。

三、茶与祭祀的密切关系

由于茶与宗教关系密切，在古代，茶常常作为祭天祀祖的物品。古人认为即使是"仙人"，同样也爱茶，这就是用茶祭天的延伸。

有关茶祭祀的文字记载，说得最详细的要算南朝刘敬叔著的《异苑》，其中记到：剡县（今浙江嵊州市）人陈务的妻子，年轻守寡，和两个儿子住在一起，很喜欢喝茶。因为住宅里有一个古墓，她每次在喝茶之前，总是先用茶祭祖，她的两个儿子很讨厌这种做法，对她说："古冢何知？徒以劳？"要把古墓掘掉，经母亲苦苦劝说，才算作罢。那夜，她梦见有个人对她说："吾止此冢三百余年，卿二子恒欲见毁，赖相保护，又享吾佳茗，虽泉壤朽骨，岂忘翳桑之报。"天亮后。她在院子里发现有铜钱10万，好像是很久以前埋在地下的，只是穿钱的绳子是新的。为此，她把这件事告诉两个儿子，他们都感到惭愧。此后，他们一家祭奠得更加虔诚了。这个故事反映了当时我国的饮茶风俗，在民间已有用茶祀祖的做法。

四、寺院茶堂到民间茶馆

饮茶成为风尚时，寺院中以茶供养三宝（佛、法、僧），招待香客，逐渐形成了严格的茗饮礼仪和固定的茗饮程式。平素住持请全寺上下僧众吃茶，称作"普茶"；在一年一度的"大请职"期间，新的执事僧确定之后，住持要设茶会。茶在禅门中由最初提神醒脑的药用功能，逐渐成为禅事活动中不可缺少的一环，又进而成为修行持戒、体悟佛理的媒介。"茶意即禅意，舍禅意即无茶意。不知禅味，亦即不知茶味。"

寺院僧人的饮茶习俗对民间饮茶风俗的发展产生了重大影响，据唐代封演的《封氏闻见记》记载，"开元中（713－741年），泰山灵岩寺有降魔师大兴禅教，学禅务于不寐，又不夕食，皆许其饮茶。人自怀挟，到处煮饮。从此转相仿效，遂成风俗。"至盛唐，"王公朝士，无不饮者。"文人间茶会、茶诗开始广泛流传

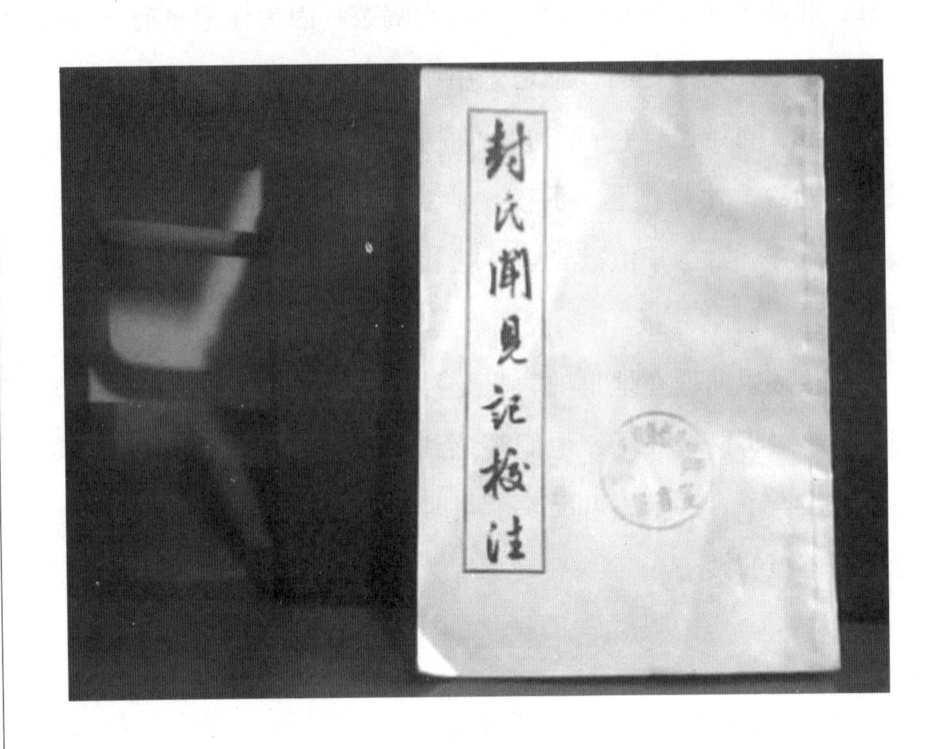

起来，饮茶遂成风俗，促成了我国最早的茶肆产生。《封氏闻见记》记载：“开元中城市多开店铺，煎茶卖之，不问道俗，投钱取饮。”这些店铺已有一定规模，但尚未有茶馆之名。

而“茶馆”一词，直至明末张岱的《陶庵梦忆》中始有记述，“崇祯癸酉，有好事者开茶馆”。此后，茶馆即成为统称。茶馆是旧时曲艺活动场所，北方的大鼓和评书、南方的弹词和评话，同时在江北、江南益助茶烟怡民悦众。茶摊则远比茶馆质朴得多。明末在北京出现了只有一桌几凳的简朴茶摊，于街头柳巷，摆起粗瓷碗，广卖大碗茶。简简单单，一经产生，便创造了以后响当当的北京大碗茶招牌。

茶馆的真正鼎盛时期是在清朝的“康乾盛世”。清代茶馆呈现出集前代之大成的景观，不仅数量多，种类、功能皆蔚为大观。

当时杭州城已有大小茶馆800余家，乡镇茶馆中，太仓的璜泾镇，全镇居民只有数千家，而茶馆就有数百家。茶馆的佐茶小吃有酱干、瓜子、小果碟、酥烧饼、春卷、水晶糕茶、饺儿、糖油馒头等。以卖茶为主的茶馆，北京人称之为清茶馆，环境优美、布置雅致，茶、水优良，兼有字画、盆景点缀其间。文人雅士多来此静心品茗，倾心谈天，亦有洽谈生意的商人常来此地。此类茶馆常设于景色宜人之处，没有城市的喧闹嘈杂。想满足口腹之欲，可迈进荤铺式茶馆，这里既卖茶，也兼营点心、茶食，甚至有的茶馆还备有酒类以迎合顾客口味。如杭州西湖茶室的桔饼、处片、黑枣、煮栗子；南京鸿福园、春和园的春卷、水晶糕、烧麦、糖油馒头等。

清代盛行宫廷式的茶饮，自有皇室的气派与茶规。除日常饮茶外，清代还曾举行过四次规模盛大的“千叟宴”。其中尤以“不可一日无茶”的乾隆帝在位最后一年召集所有在世的老臣3056人列此盛会为主，并且当年赋诗3000余首。乾隆皇帝还于皇宫禁苑的圆明园内建了一所皇家茶馆——同乐园茶馆，用以与民同乐。新年之际，同乐园中还会设置一条模仿民间的商业街道，安置各色商店、饭庄、茶馆等。所用器物皆是事先采办于城外。午后三时至五时，皇帝和大臣们到此街，集于茶馆、饭肆饮茶喝酒，装成民间的样子，连跑堂的叫卖声都惟妙惟肖。

清代戏曲繁盛，茶馆与戏园同为民众常去的地方，好事者将其合而为一。宋元之时已有戏曲艺人在酒楼、茶肆中做场，及至清代才开始在茶馆内专设戏台。包世臣《都剧赋序》记载，嘉庆年间北京的戏园即有“其开座卖剧者名茶园”的说法。久而久之，茶园、戏园，二园合一，所以旧时戏园往往又称茶园。后世的“戏园”“戏馆”之名即出自“茶园”“茶馆”。所以有人说，“戏曲是茶汁浇灌起来的一门艺术”。京剧大师梅兰芳的话具有权威性：“最早的戏馆统称茶园，是朋友聚会喝茶谈话的地方，看戏不过是附带性质。”“当年的戏馆不卖门票，只收茶钱，听戏的刚进馆子，‘看座的’就忙着过来招呼了，先替他找好座儿，再顺手给他铺上一个蓝布垫子，很快地沏来一壶香片茶，最后才递给他一张也不过两个火柴盒这么大的薄黄纸条，这就是那时的戏单。”茶馆发展至明清，还有一异于前代之处，即数量起码在某些地区已超过酒楼。茶馆的起步晚了酒楼千年，奋起直追至明清，终得平分半壁江山。

辨茶类论特点

品茗轩

茶

（宋）林逋

石碾轻飞瑟瑟尘，乳香烹出建溪春。

世间绝品人难识，闲对茶经忆古人。

一、绿茶种类

绿茶是历史最早的茶类，古代人类采集野生茶树芽叶晒后收藏，在现在看来应是广义概念上的绿茶加工的开始，距今至少有3000多年的历史。但真正意义上的绿茶加工，是从公元8世纪发明蒸青制法开始，到12世纪又发明炒青制法，这时的绿茶加工技术已开始趋向成熟，并且一直沿用至今，随着加工技术的进步而不断完善。

绿茶是我国产量最大的茶类，其中以浙江、安徽、江西等省产量最高，质量最优，是我国绿茶生产的主要基地。在国际市场上，我国绿茶占国际贸易总量的70%以上，分销区遍及北非、西非各国及法、美、阿富汗等50多个国家和地区。绿茶的外销量占内销总量的1/3以上。

我国绿茶花色品种之多居世界之首。绿茶又被称为不发酵茶，是以适宜的茶树新梢为原料，经杀青、揉捻、干燥等典型工艺技术过程制成的茶叶。其干茶色泽和冲泡后的茶汤、叶底以绿色为主调，由此得名。绿茶较多地保留了鲜叶肉的天然物质，其中茶多酚、咖啡碱保留鲜叶的85%以上，叶绿素保留50%左右，维生素损失较少，从而形成了绿茶“清汤绿叶、滋味收敛性强”的特点，也是其品时清淡，品后余香飘逸的口感特征的突出表现。最新科学研究结果表明，绿茶中保留的天然物质成分，对防衰老、防癌、抗癌、杀菌、消炎等均有特殊效果，为其他茶类所不及。中国绿茶中名品最多，不但香高味长，品质优异，且造型独特，具有较高的艺术欣赏价值。

绿茶按照初制过程的杀青和干燥方式不同，可分为蒸青绿茶、烘青绿茶、炒青绿茶和晒青绿茶四种。杀青是绿茶初制的关键工序，通过高温杀青，迅速钝化酶的活性，制止多酚类物质的酶性氧化，保持绿茶绿叶绿汤的特色。

1. 蒸青绿茶

我国湖北恩施、江苏宜兴和浙江余杭、余姚等地均有生产，如玉露茶、阳羡茶、煎茶等。蒸青绿茶初制的基本工艺，要经过蒸青、冷却、粗揉、中揉、精揉、烘干等工序。蒸青采用蒸汽机，通过100度的蒸汽，使鲜叶的叶温在30秒钟之内达到95度以上，鲜叶中的酶活性迅速受热钝化，从而固定了蒸青叶的绿色。蒸青叶迅速冷却后经粗揉、中揉、精揉三道工序加工，目的是将其揉成直棒略扁的外形，并揉出适度茶汁，便于冲泡。各工序的时间均为 40 ~45 分钟，叶温保持在 45 度左右。烘干的目的是蒸发水分至干，利于贮藏保色。烘干的茶叶，要求含水量控制在 4% 左右。蒸青茶的品质特点是“三绿”，即干茶色泽翠绿，汤色碧绿，叶底鲜绿。

2. **炒青绿茶**

炒青绿茶因干燥方式采用炒干而得名。按其形状特点可分为长炒青、圆炒青、扁炒青三类。长炒青精致，形似眉毛，又称眉茶；圆炒青外形呈颗粒状，形圆如珠，又称珠茶；扁炒青外形扁平，又称扁形茶。

长炒青绿茶的初制基本工艺，是杀青、揉捻、干燥三个过程。杀青的目的是钝化酶的活性，固定杀青叶的绿色。

长炒青绿茶的品质特点是条索紧结，显峰苗，色泽绿润，香高持久，滋味浓醇，汤色、叶底黄绿明亮。圆炒青是浙江省的名产，主要产在浙江的嵊县、新昌、上虞、余姚等县，台湾省也有少量生产。初制的基本工艺是杀青、揉捻、干燥，干燥包括二青、小锅、对锅、大锅四个过程。产品具有外形圆紧如珠，身骨重实，香高味浓，耐冲泡的品质特点。而珠茶也是以外销为主。扁炒青为名优绿茶，多为手工炒制。炒制的基本工艺是青锅、摊晾、烩锅三道工序，炒制的全过程在炒锅内完成。成品具有扁平光滑，香鲜味醇的特点，如西湖龙井茶、千岛玉叶、大方茶等等。

3. 烘青绿茶

烘青绿茶主要产于安徽、福建、浙江三省，除了高档的嫩烘青绿茶可直接饮用外，大部分用做窨制各种花茶的原料，称为茶胚或素胚。初制基本工艺与炒青绿茶相同，只是最后一道工序，采用烘干而不是炒干。烘青绿茶的品质特点是外形完整稍弯曲，峰苗显露，干色墨绿，香青味醇，汤色、叶底黄绿明亮。在制绿茶的干燥过程中直接烘干的茶叶，审评毛茶时注重外形紧直程度与嫩度，应不带烟异气味为佳。烘青外形较松，芽叶较完整，香气较清醇，滋味较清爽，汤色较清明，叶底较绿明完整，这样才较耐泡。

4. 晒青绿茶

晒青绿茶是用日光进行晒干的，主要分布在湖南、湖北、广东、广西、四川、云南、贵州等省有少量生产。晒青绿茶是压制

紧压茶的原料，其初制工序是杀青、揉捻、晒干，如砖茶、沱茶等，以云南大叶种的品质最好，称为“滇青”，其他如川青、黔青、桂青、鄂青等品质各有千秋，但不及滇青。

二、红茶种类

中国红茶最早出现在福建崇安一带，是一种小种红茶，以后随着发展演变产生了功夫红茶。

制作红茶的基本工序是：萎凋、揉捻、发酵、干燥。红茶的“红汤红叶”的品质特点，主要是经过“发酵”以后形成的。所谓发酵，其实质是鲜叶中无色的多酚类物质，在多酚氧化酶的催化作用下，氧化以后形成了红色的氧化聚合产物——茶黄素、茶红素、茶褐素。这些色素一部分易溶于水，冲泡后形成红色茶汤，一部分不溶于水，积累在叶片中，使叶片变成红色，红茶的红汤红叶因此而形成。

红茶为我国第二大茶类，出口量占我国茶叶总产量的50%左右，遍布60多个国家和地区，其中销量最多的是埃及、苏丹、黎巴嫩、叙利亚、伊拉克、巴基斯坦、英国及爱尔兰、加拿大、德国、荷兰及东欧各国。

1. 小种红茶

小种红茶是福建省的特产，有正山小种和外山小种之分。正山小种产于崇安县星村乡桐木关一带，也称“桐木关小种”或“星村小种”。政和、坦洋、北岭、展南、古田等地所产的仿照正山品质的小种红茶，质地较差，统称“外山小种”或“人工小种”。

正山小种的“正山”二字，是表明其是真正的“高山地区所产”之意，凡是武夷山中所产的茶，均称作正山，而武夷山附近所产的茶称外山。“人工小种”有坦洋小种、政和小种、古田小种、北岭小种等种类，现今人工小种市场已被淘汰，惟正山小种百年不衰。正山小种外形条索肥实，色泽乌润，泡水后汤色红浓，香气高长，带松烟香，滋味醇厚，带有桂圆汤味，加入牛奶，茶香味不减，形成糖浆状奶茶，茶色更为绚丽。

2. 功夫红茶

功夫红茶，是我国特有的红茶品种，也是我国传统的出口商

品。当前我国19个省产茶（包括试种地区新疆和西藏），其中有12个省先后生产功夫红茶。我国功夫红茶品类多、产地广。按地区命名的有滇红功夫、祁门功夫、浮梁功夫、宁红功夫、湘江功夫、闽红功夫（含但洋功夫、白琳功夫、政和功夫）、越红功夫、台湾功夫、江苏功夫及粤红功夫等。按品种又可分为大叶功夫和小叶功夫。大叶功夫茶是以乔木或半乔木茶树鲜叶制作而成，小叶功夫茶是以灌木型小叶种茶树鲜叶为原料制成的功夫茶。

3. 红碎茶

茶鲜叶经萎凋、揉捻后，用机器切碎呈颗粒型碎片，然后经发酵、烘干而制成，因外形细碎，故称红碎茶，也称“切红细茶”。红碎茶用沸水冲泡后，茶汁溶出快，浸出量大，汤色红浓，滋味浓强，具有收敛性，可加糖加奶共饮用。红碎茶主要产于云南、海南、广东、广西、贵州、湖南、湖北、四川、福建等省，其中以云南、海南、广东、广西用大叶种为原料制作的红碎茶品质最好。红碎毛茶经精制加工后分叶茶、碎茶、片茶、茶四个系列。

三、乌龙茶种类

乌龙茶本是青茶的一个品种的名称，人们长期习惯地用它来做青茶的商品名，由此成为一种约定俗成。乌龙茶是介于不发酵茶（绿茶）与全发酵茶（红茶）之间的一种茶类。乌龙茶的味道，既有红茶的浓郁醇美，又有绿茶的清新鲜爽。典型的优质乌龙茶冲泡后，叶片上红绿相衬，中间绿色，边缘红色，素有“绿叶红镶边”的美誉。

1. 闽北青茶

出产于福建省北部武夷山一带的青茶都属闽北青茶，主要有武夷岩茶、闽北水仙、闽北乌龙。其中以武夷岩茶最为出名，主要品种有水仙、乌龙。而在大红袍、铁罗汉、白鸡冠、水金龟这武夷四大名茶中，大红袍又以其特异的品质、神话般的传说和稀少的数量而愈显得极其珍贵。

2. 闽南青茶

闽南是青茶的发源地，闽北、广东和台湾青茶的制作均由此传入。闽南青茶中著名、品质最好的安溪铁观音被誉为“茶王”，入口回甜带蜜味，具有幽远怡人的兰花香，其韵味被称为“观音韵”。除铁观音外，用黄旦品种制作而成的“黄金桂”，汤色金黄有奇香似桂花，也是闽南青茶中的珍品。

3. 广东青茶

以广东潮州地区所产的凤凰水仙和凤凰单枞最为著名。

凤凰水仙，又名广东水仙、饶平水仙，无性繁殖系，属小乔木型、大叶类、早生种。原产广东省潮安县凤凰山，栽培历史悠久，湘、赣、浙等省有少量引种。植株较高大，树姿较直立，分枝较稀，叶片呈稍上斜状着生。叶长椭圆或椭圆形，叶面较平，叶身稍内折。春茶3月下旬萌发，一芽三叶盛期在4月中旬，百芽重86.2克，芽叶肥壮、少茸毛、淡绿色，结实力较强，产量高，最高亩产达400千克。春茶鲜叶含氨基酸3.19%、茶多酚24.31%、儿茶素总量12.19%。制乌龙茶，香气高浓，汤色金黄，滋味浓郁，甘醇耐泡，品质优良。制红茶，香气高，汤色红艳，茶汤冷后呈“乳汤”。

凤凰单枞，产于广东省潮州市凤凰镇乌岽山茶区，现在尚存的3000余株单枞大茶树，树龄均在百年以上，性状奇特，品质优良，单株高大如榕，每株年产干茶10余公斤。因成茶香气、滋味的差异，当地习惯将单枞茶按香型分为黄枝香、芝兰香、桃仁香、玉桂香、通天香等多种。单枞茶实行分株单采，当新茶芽萌发至小开面时（即出现驻芽），即按一芽、二三叶标准，用骑马采茶手法采下，轻放于茶罗内。有强烈日光时不采，雨天不采，雾水茶不采的规定。一般于午后开采，当晚加工，制茶均在夜间进行。经晒青、晾青、碰青、杀青、揉捻、烘焙等工序，历时10小时制成成品茶。其外形条索粗壮，匀整挺直，色泽黄褐，油润有光，并有朱砂红点，冲泡清香持久，有独特的天然兰花香，滋味浓醇鲜爽，润喉回甘，汤色清澈黄亮，叶底边缘朱红，叶腹黄亮，素有“绿叶红镶边”之称。

4. 台湾青茶

台湾所产的青茶，根据其萎凋、作青程度不同分台湾乌龙和台湾包种两类，“乌龙”萎凋、作青程度较重，汤色金黄明亮，滋味浓厚，有熟果味香。台湾包种选用青心乌龙、台茶5、12、13号品种为原料制作而成。台湾包种因发酵程度较轻，叶色较绿，汤色黄亮，滋味近似绿茶，深受各类人士喜爱。

四、白茶种类

白茶属轻微发酵茶（属酶促氧化），基本工艺过程是萎凋、晒干或烘干。白茶常选用芽叶上白茸毛多的品种，制成的茶满披银毫，十分素雅，汤色清淡，味甜醇。白茶主产于福建省的福鼎、政和、松溪和建阳等县，台湾省也有少量生产。白茶因采用原料不同，分芽茶与叶茶两类。

1. 白芽茶

主要代表是白毫银针，完全用大白茶品种的肥壮芽头制成，色泽呈银灰色，毫香新鲜，冲泡后芽尖向上，挺立杯中，慢慢下沉，如春笋破土，非常美观。

2. 白叶茶

主要代表是白牡丹，以一芽二叶为原料，萎凋后直接烘干，成茶芽头挺直，叶缘垂卷，叶背披满白毫，叶面银绿色，芽叶莲根，形似牡丹而得名。

白茶性凉，有健胃提神、祛湿退热之功效，是夏日消凉品饮，在福建、广东的部分地区深受珍爱，出口主销港澳及东南亚市场。

五、黄茶种类

黄茶的品质特点是黄汤黄叶，滋味醇和。这是制茶过程中通过闷黄使茶多酚适量非酶促氧化的结果。这类茶有的在揉捻前堆积闷黄，有的在揉捻后堆积闷黄或长时间摊放闷黄，有的初烘后堆积闷黄，有的再烘时闷黄。我国的黄茶生产量不大，消费地区也是有传统的黄茶饮用习惯的地区，出口量微乎其微，而湖南则是黄茶的主要生产和消费地区。黄茶依原料芽叶的嫩度和大小可分为黄芽茶、黄小茶和黄大茶三类。

1. 黄芽茶

采摘单芽或一芽一叶加工而成，原料非常细嫩，品质特点是芽头肥壮，色泽黄亮，甜香浓郁，滋味甘甜醇和。主要包括湖南岳阳的“君山银针”，四川雅安的“蒙顶黄芽”。此外，安徽霍山的“霍山黄芽”在历史上也属此类茶，但由于消费习惯的变化，“霍山黄芽”加工中的闷黄时间越来越短，闷黄程度越来越轻，其品质已十分接近绿茶。潇湘是湖南的通称，故人们谈及黄茶时，常用“潇湘黄茶数两山”之句。所谓两山，一为岳阳的君山，一为宁乡的沩山。君山银针和沩山毛尖都属黄茶类，是湖南茶中的极品。

2. 黄小茶

由较细嫩的芽叶加工而成，主要包括湖南的“北港毛尖”、

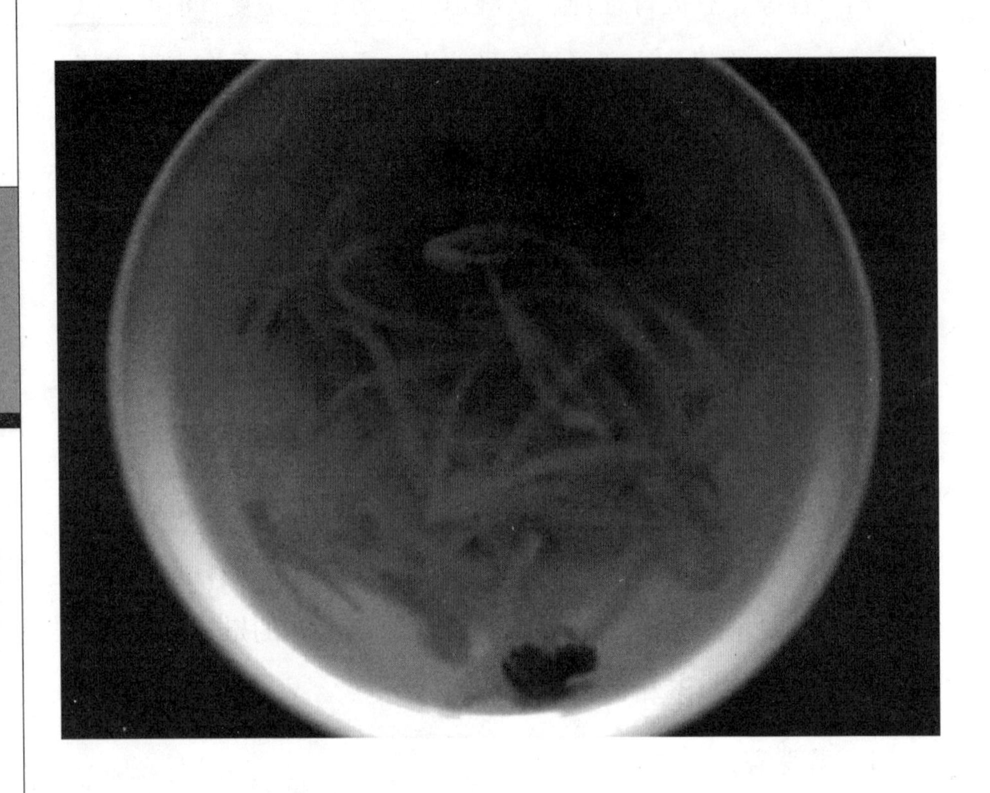

“沩山毛尖”和湖北的“远安鹿苑”、浙江的“平阳黄汤”。沩山毛尖产于沩山乡，该乡乃沩山上的一个天然盆地，群山环抱，常年云烟缥渺，景色怡人。

3. 黄大茶

采摘较粗老的芽叶加工而成，主要包括安徽霍山的“霍山黄大茶”和广东韶关一带的“广东大叶青”。

六、黑茶种类

黑茶的基本工艺流程是杀青、揉捻、渥堆（可使茶多酚大量氧化，促使色泽变黑的过程）、干燥。黑茶一般原料较粗老，加之制造过程中往往堆积发酵时间较长，因而叶色油黑或黑褐，故称黑茶。黑茶主要供边区少数民族饮用，所以又称边销茶。黑毛茶是压制各种紧压茶的主要原料，各种黑茶的紧压茶是藏族、蒙古族和维吾尔族兄弟民族日常生活的必需品，有“宁可一日无食，不可一日无茶”之说。

按毛茶初制方法不同，分为老青毛茶和黑毛茶。

1. 老青毛茶

老青毛茶晒干后“渥堆”，全部压制成青砖。过去因在或被羊楼洞压制，所以又称为“洞砖”，砖面有凹入的川字商标，又称为“川字茶”。

2. 黑毛茶

黑毛茶在干燥前“渥堆”，有时在压制前还要经过堆积发酵，实际上在压制后自动氧化仍在继续进行。根据压制的包装和形状可分为篓装、砖形和其他形状三种。

篓装的有湘尖、六堡茶、方包茶。湘尖原料比较细腻，六堡茶较粗老，方包茶则含梗很多。湘尖过去按品质优次分为天、地、人、和四级，现改为一、二、三、四级。

压成每块重 2000 克的砖形，按原料嫩度分为花砖、黑砖、茯砖。

花砖过去为圆柱形，称为“花卷”，每块重 1000 两，所以又称“千两茶”。便于捆在马背上驮运，现在运输条件改进，改成砖形便于装箱。

黑砖是黑茶的传统产品，以产于湖南安化而号称。

茯砖的包装与其他砖茶不同，它不是把砖压好后再用纸包，而是把茶叶装在砖形的纸袋里。

压成其他形状和规格的紧压茶还有面包形的康砖、枕形的金尖、圆饼茶、方饼茶等。

第十一章
茶之鉴

悠久的历史、广博的地源，缔造了浩如烟海的茶叶王国。在茶叶王国这个广博的世界中，每一个品种的茶都有自己的故事和韵味。鉴茶就是一种品位文化，融于心境与茶这种特殊文化载体合二为一的过程。在品茶、赏茶、观茶的过程中，茶叶的鉴别显得至关重要。

茶之甄选

品茗轩

和韦开州盛山茶岭

（唐）张籍

紫芽连白蕊，初向岭头生。

自看家人摘，寻常触露行。

现代的茶，由于制造技术上的进步，品种多、品类多，为鉴别选择茶叶增加了难度。但也不是非有专业知识不可，只要能多接触即能得知鉴别的要领。

一、茶叶选购

区分茶叶的好坏，主要是从色、香、味、形四个方面来鉴别。但对普通饮茶人来说，购买茶叶时，一般只能以观看干茶的外形和色泽、闻干香来判断茶叶的品质。干茶的外形，主要从五个方面来看，即嫩度、条索、色泽、整碎和净度。

1. 嫩度

嫩度是决定茶叶品质的基本因素，所谓“干看外形，湿看叶底”，就是指嫩度。一般嫩度好的茶叶，容易符合该茶类的外形要求，如龙井之“光、扁、平、直”的外形特征。此外，还可以从茶叶有无锋苗来鉴别茶叶好坏。锋苗好、白毫显露，表示不仅嫩度好，而且做工也好。如果原料嫩度差，做工再好，茶条也无锋苗和白毫。但是不能仅从茸毛多少来判别嫩度，因各种茶的具体要求不一样，如极好的狮峰龙井是体表无茸毛的。再者，茸毛容易假冒，人工做是比较容易的事情。芽叶嫩度以多茸毛做判断依据只适合于毛峰、毛尖、银针等“茸毛类”茶。最嫩的鲜叶也得一芽一叶初展，如果认为只是片面采摘芽心的做法是极其不恰当的，因为芽心是生长不完善的部分，内含成份不全面，特别是叶绿素含量很低，故不应单纯为了追求嫩度而只用芽心制茶。

2. 条索

条索是各类茶均具有的一定外形规格，如炒青条形、珠茶圆

形、龙井扁形、红碎茶颗粒形等等。一般长条形茶，看松紧、弯直、壮瘦、圆扁、轻重；圆形茶看颗粒的松紧、匀正、轻重、空实；扁形茶看平整光滑程度和是否符合规格。一般来说，条索紧、身骨重、圆（扁形茶除外）而挺直，说明原料嫩、做工好、品质优。如果外形松、扁（扁形茶除外）、碎，并伴有烟、焦味，说明原料老、做工差、品质劣。以杭州地区绿茶条索标准为例：一级、二级、三级、四级、五级、六级，体现为细紧有锋苗、紧细尚有锋苗，尚紧实、尚紧、稍松、粗松，其规格必以紧、实、有锋苗为上。

3. 色泽

茶叶色泽与原料嫩度、加工技术有密切关系，各种茶均有一定的色泽要求，如红茶乌黑油润、绿茶翠绿、乌龙茶青褐色、黑茶黑油色等。但是无论何种茶类，好茶均要求色泽一致、光泽明亮、油润鲜活，如果色泽不一、深浅不同、暗而无光，说明原料老嫩不一、做工差、品质劣。茶叶的色泽还和茶树的产地以及季节有很大关系，如高山绿茶色泽绿而略带黄、鲜活明亮；低山茶或平地茶色泽深绿有光。制茶过程中由于技术不当，也往往使色泽发生变化。

购茶时，应根据具体购买的茶类来进行详细的判断。比如龙井，最好的是狮峰龙井，其由于是清明节前出茶，因此颜色并非翠绿，而是有天然的糙米色，呈嫩黄。这也是狮峰龙井的一大特色，在色泽上明显区别于其他龙井。因狮峰龙井卖价奇高，茶农会制造出这种色泽以冒充，制作方法是在炒制茶叶过程中稍稍炒过些而使叶色变成黄色。真假之间的区别是，真狮峰匀称光洁、淡黄嫩绿、茶香中略带有清香；假狮峰则角松而空，毛糙、偏黄色，茶香带炒黄豆的香味。不经过多次比较，确实不太容易判断。但是只要一经冲泡，区别就非常明显了。炒制过火的假狮峰，完全没有龙井应有的馥郁鲜嫩的香味。

4. 整碎

整碎，即茶叶的外形和断碎程度，以匀整为好，断碎为次。比较标准的茶叶审评，是将茶叶放在盘中（盘为木质的最佳），使茶叶在旋转力的作用下，依形状大小、轻重、粗细、整碎形成有次序的分层。其中粗壮的在最上层，紧细重实的集中于中层，断碎细小的沉积在最下层。各类茶，都以中层茶多为好；上层一般是粗老叶子多、滋味较淡、水色较浅；下层碎茶多，冲泡后往往滋味过浓、汤色较深。

5. 净度

主要是看茶叶中是否混有茶片、茶梗、茶末、茶籽，以及制作过程中是否混入了竹屑、木片、石灰、泥沙等夹杂物。净度好的茶不含任何夹杂物。

此外，还可以通过茶的干香来鉴别。无论哪种茶都不能有异味，每种茶都有特定的香气。干香和湿香也有不同，需根据具体情况来定，有青气、烟焦味和熟闷味均不可取。另外，最易判别茶叶质量的，是冲泡之后的口感滋味、香气以及观看叶片茶汤色泽。如果允许，购茶时应尽量冲泡后品尝一下。若是特别偏好某种茶，最好查找一些该茶的资料，准确了解其色、香、味、形的特点，每次买到的茶都应该互相比较一下，次数多了，很容易就能分辨出优劣好坏了。

二、真假鉴别

近年来在市场上出售的假茶，多以类似茶叶外形的树叶制成。目前发现假茶中大多是用金银花叶、蒿叶、嫩柳叶、榆叶等冒充的，有的全部是假茶，也有的在真茶中掺入部分假茶。茶叶的真假，一般可以通过茶叶的基本特征来进行检查和比较，准确地给予鉴别。

1. 外形鉴别

将泡后的茶叶平摊在盘子上，用肉眼或放大镜观察。新茶叶呈嫩绿色，老茶叶呈深绿色，叶缘呈锯齿状，有 16 ~ 32 对齿，叶端呈凹形，其嫩梗呈扁圆形，叶背有白茸毛，外形条索紧细，细嫩茶叶含筋梗，色泽黄绿，干净均匀，花干呈黄白色。假茶叶无上述明显特征，颜色枯滞，叶底颜色既无红茶那样红亮，也无绿茶那样翠绿。

真茶——有明显的网状脉，支脉与支脉之间彼此相互联系，呈鱼背状而不呈放射状。茶面有 2/3 的地方向上弯曲，连上一支叶脉，仔细看会有形成波浪形、叶内隆起的感觉。真茶叶边缘有明显的锯齿，接近于叶柄处逐渐平滑而无锯齿。

假茶——叶脉不明显或远观明显，一般为羽状脉，叶脉呈放射状至叶片边缘，叶肉平滑。叶侧边缘有的有锯齿，一般粗大锐利或细小平钝。也有的无锯齿，叶缘一般多为平滑。

2. 色泽鉴别

主要是看干茶的色度和光泽度、色泽状况如何。通过观察也能反映出茶叶原料的鲜嫩程度和做工好坏。

假茶叶无论是何品种，均有色泽深浅不一、枯干、花杂、细碎，灰暗而无光泽等情况。以红茶和绿茶为例，有如下区别：

真红茶——色泽呈深褐色、青黑色、乌黑或黑褐色，而且油润光亮。

假红茶——墨黑无光，欠润。

真绿茶——色泽碧绿或深绿，而且油润光亮。

假绿茶——一般都呈墨绿或青色，红润。

3. 香味鉴别

把一小撮茶叶放在手掌中，用嘴呵气，使茶叶受微热而发出香味，仔细嗅闻即可。另外可将少许茶叶置口中慢慢咬嚼，细品其滋味。

真茶——含有茶素和芳香油，闻时有清鲜的茶香。如是花茶还应具有所添加的鲜花香气，香气鲜灵、馥郁、清雅，用嘴咬嚼此茶，可觉察出微苦、甘香浓烈、余香清爽回荡。好茶的滋味鲜爽，并具有较强的收敛性，尤其是刚沏的茶汤，茶叶显露，饮之爽口。

假茶——无茶香气，会有一股青草味或有其他杂味夹杂其中。初尝时，香气淡薄或无香气，滋味苦涩，发出青草味、烟焦味、霉味或其他异常气味，口感苦涩不堪。

4. 火烧鉴别

取茶叶数片，用火点燃灼烧，真茶叶有馥郁芳香，用手指捏碎灰烬细闻，可闻到浓浓的茶香味；假茶叶只有异味，无茶香味。还可同时用正品茶叶和待辨茶叶火灼比较。

5. 冲泡鉴别

抓取待辨茶叶和真茶叶各一小撮，分别用开水冲泡两次，开汤细看，每次冲泡10分钟为佳。待叶子充分泡开后，分放在两个白瓷清水盘中，仔细观看叶形、叶脉、锯齿等特征。真茶叶具有明显的网状叶脉，主脉直接射映顶端，呈弧形与上方支脉相联合，叶背面有白茸毛，叶的边缘锯齿显著，基部锯齿稀疏。假茶叶的叶脉不明显，一般侧脉直射边缘，有的正反两面都有白茸毛，叶边缘锯齿明显或锯齿粗大。

三、季节鉴别

茶树由于在年内生长发育周期内受气温、雨量、日照等季节气候的影响，以及茶树自身营养条件的差异，使得加工而成的各季茶叶自然品质发生了相应的变化。自古就流传有“春茶苦，夏茶涩，要好喝，秋白露（指秋茶）”，这是人们对季节茶自然品质的精练概括。

在我国四季分明的长江中下游的茶叶主产区里，春茶、夏茶和秋茶的划分，一般是从季节变化结合茶树新梢生长的间歇性进行的。通常春茶是指当年5月底之前采制的茶叶；夏茶是指6月初至7月初采制而成的茶叶；7月中旬以后采制的当年茶叶，就算秋茶了。由于茶季不同，采制而成的茶叶，其外形和内质也有很明显的差异。

对绿茶而言，由于春季温度适中，雨量充沛，加上茶树要经过头年秋冬季的休养生息，使得春梢芽叶肥壮、色泽翠绿、叶质柔软、幼嫩芽叶毫毛多，与品质相关的一些有效物质，特别是氨基酸及相应的全氮量和多种维生素富集，不但使绿茶滋味鲜爽、香气浓烈，而且保健作用也佳。因此春茶，特别是早期春茶往往是一年中绿茶品质最好的时期。许多名茶，诸如高级龙井、碧螺春、黄山毛峰、高桥银针、君山银针、顾渚紫笋等等，都是由春茶早期的幼嫩芽叶经精细加工而成的。所以，在我国历代文献中，都有“以春茶为贵”的相关记载。现在还可看到描写春茶的诗词，唐代吴兴太守张文规的《湖州焙贡新茶》诗、北宋著名文学家欧阳修的《双井茶》诗、南宋爱国诗人陆游的《兰亭花坞茶》诗、元代虞伯生的《游龙井》诗、明代杰出书画家徐渭的《某伯子惠虎丘茗谢之》诗、清代“扬州八怪”之一的王士慎《幼孚斋中试泾县茶》诗，都是赞美“春茶为上”的经典诗歌。

夏季由于天气炎热，茶树新梢芽叶生长迅速，使得能溶解于茶汤的水浸出物含量相对减少，特别是氨基酸及全氮量含量减少，使得茶汤滋味不及春茶鲜爽，香气也不如春茶浓烈。相反，由于带苦涩味的花青素、咖啡碱、茶多酚含量比春茶高，不但使紫色芽叶增加，成茶色泽不一，而且滋味较为苦涩。

秋季气候条件介于春夏之间，茶树经春夏两季生长、采摘，新梢内含物质相对减少，叶张大小不一，叶底发脆、叶色泛黄，茶叶滋味、香气显得比较平和。

当然，就红茶品质而言，由于夏茶茶多酚含量较多，对形成更多的红茶色素有利。因此由夏茶采制而成的红茶，干茶和茶汤色泽显得更为红润，滋味也比较强烈，但是夏茶氨基酸含量显著减少，这对形成红茶的鲜爽滋味又是不利的。现将春茶、夏茶和秋茶的品质特征分述如下，以供选购茶叶时参考。

干看：主要从茶叶的外形、色泽、香气上加以判断。凡红茶、绿茶条索紧结，珠茶颗粒圆紧；红茶色泽乌润，绿茶色泽绿润；茶叶肥壮重实或有较多毫毛且又香气馥郁者，乃是春茶的品质特征。凡红茶、绿茶条索松散，珠茶颗粒松泡；红茶色泽红润，绿茶色泽灰暗或乌黑；茶叶轻飘宽大，嫩梗瘦长；香气略带粗老者，乃是夏茶的品质特征。凡茶叶大小不一，叶张轻薄瘦小；绿茶色泽黄绿，红茶色泽暗红；且茶叶香气平和者，乃是秋茶的品质特征。

另外，还可以结合偶尔夹杂在茶叶中的花、果来判断。如果发现有茶树幼果，估计鲜果大小近似绿豆，那么，可以判断为春茶，因为茶树通常在9～11月现花授精，春茶期间正是幼果开始成长之际。若茶果大小如同佛珠一般，可以判断为夏茶。到秋茶时，茶树鲜果已差不多有桂圆大小了，一般不易混杂在茶叶中。但7～8月间茶树花蕾已经形成，9月开始，又出现开花盛期，因此，凡茶叶中夹杂有花蕾、花朵者，乃秋茶也。但通常在茶叶加工过程中，经过筛分、拣剔，是很少混杂花、果的，因此，必须进行综合分析，方可避免片面性。

湿看：就是进行开汤审评，通过闻香、尝味、看叶底来进一步做出判断。冲泡时茶叶下沉较快，香气浓烈持久，滋味醇厚；绿茶汤色绿中透黄，红茶汤色红艳显金圈；茶底柔软厚实，正常芽叶多；叶张脉络细密，叶缘锯齿不明显者为春茶。凡冲泡时茶叶下沉较慢，香气欠高；绿茶滋味苦涩，汤色青绿，叶底中夹有铜绿色芽叶；红茶滋味欠厚带涩，汤色红暗，叶底较红亮；不论红茶还是绿茶，叶底均显得薄而较硬，对夹叶较多，叶脉较粗，叶缘锯齿明显，此为夏茶。凡香气不高，滋味淡薄，叶底夹有铜绿色芽叶，叶张大小不一，对夹叶多，叶缘锯齿明显的，当属秋茶。

四、新旧鉴别

对于大部分茶叶品种来说，新茶与陈茶相比，理所当然地以新茶为好。“饮茶要新，喝酒要陈”，这是人们长期以来对饮茶的总结。宋代唐庚的《斗茶记》中曾提到：“吾闻茶不问团挎，要之贵新，水不问江井，要之贵活。”新茶的色、香、味、形，都给人以新鲜的感觉，称之为“崭鲜喷香”。隔年陈茶，无论是色泽还是滋味，总有“香沉味晦”之感。这是因为茶叶在存放过程中，在光、热、水、气的作用下，其中的一些酸类、酯类、醇类，以及维生素类物质发生缓慢的氧化或融合，形成了与茶叶品质无关的其他化合物，而为人们需要的茶叶有效品质成分含量却相对减少，最终使茶叶色、香、味、形向着不利于茶叶品质的方向发展，使茶叶较易散发出陈气、陈味，呈现明显的陈色。

但是，并非所有的茶叶都是新茶比陈茶好。有的茶叶品种适当贮存一段时间，反而显得更好些。例如一些新采制的名茶，如西湖龙井、旗枪、洞庭碧螺春、莫干黄芽、顾渚紫笋等等，如果能在生石灰缸中贮放 1 ~ 2 个月，那么，汤色依然清澈晶莹，滋味同样鲜醇可口，叶底青翠润绿不改，而且未经贮放的闻起来略带青草气，经短期贮放的却有清香纯洁之感。又如盛产于福建的武夷岩茶，隔年陈茶反而香气馥郁、滋味醇厚；湖南的黑茶、湖北的汉砖茶、广西的六堡茶、云南的普洱茶等，只要存放得当，也不仅不会变质，甚至能提高茶叶品质。这是因为这些茶叶在贮存过程中主要形成了两股气味，一股是茶叶缓慢陈化时形成的陈气，二是因少量霉菌产生而形成的毒气，两气相混，和谐相调，结果产生了一种为人们欢迎的新香气。

绿茶品鉴

品茗轩

茗坡

（唐）陆希声

二月山家谷雨天，半坡芳茗露华鲜。

春醒病酒兼消渴，惜取新芽旋摘煎。

一、西湖龙井

传说清朝的时候，乾隆皇帝下江南，游历到杭州郊区的山上，倍感口渴，就向一山村老妇讨水喝。老妇十分热情，当即请乾隆皇帝在自家门前的水井旁打水洗尘，跑前跑后地冲茶。老妇家门前的这口水井有一名，曰："老井"。乾隆帝洗完后，迫不及待地端起茶水就喝，只觉清香扑鼻，沁脾爽口。遂询问老妇："水中放有何物?"老妇答道："不过是门前山上的野茶。"乾隆帝赞叹不已，回京后，当即命杭州知府采摘附近山头的野茶，以此作为一年一度的宫廷贡品。两年后，乾隆帝故地重游，来到当年洗尘

的老井旁边，想起自己曾用老井水洗去一身疲惫的情景，便对老井予以册封，挥笔在“老井”中间题了一个“龙”字，以纪念自己曾在此把疲惫忘却。从此，这口井的名字就变成为“老龙井”，老井附近的山头就是现在的狮峰山，所产的茶就自然被世人称为龙井茶。这口井被保存至今，井外壁上的“老龙井”三字仍清晰可见，可以明显地看出“龙”比其它二字略大，字体也不同于最初的“老井”二字。

“西湖龙井”，因产于杭州西湖山区的龙井而得名。

龙井茶为烘焙茶的代表，在制作过程中，必须不断将茶揉搓，因此焙制之后每一片茶叶都变得直且扁平。冲泡后茶水呈美丽的绿色，且散发出炒栗或炒豆的香味，品之略带涩味，至喉中回甘。总体来说，香味清淡，回味悠长，乾隆帝就有“无味之味乃至味”的品说。因龙井既是地名，又是泉名和茶名，加之龙井茶有“色绿、香郁、味甘、形美”四绝之誉，所以又有“三名巧合，四绝俱佳”之喻。

龙井茶区分布于“春夏秋冬皆好景，雨雪晴阴各显奇”的杭州西湖风景区，山清水秀，景色宜人。在狮峰山上，梅家坞里，云栖道旁，虎跑泉边，满觉陇中，灵隐寺周围，九溪十八涧沿岸，都会看到翠岗起伏，绿树婆娑的诱人景象，真可谓风景如画，得天独厚。

清明节前后采制的龙井茶，称为“明前龙井”，是龙井茶的极品，产量很少，非常珍贵。按照茶芽萌发状况和采下的芽叶大小制成的龙井茶，茶界又分“莲心”、“旗枪”、“雀舌”等花色。

二、洞庭碧螺春

相传清朝康熙年间，当地人在洞庭湖东碧螺峰石壁上发现了一种野生茶，香味四逸，便采下带回家作为饮料。有一年，因产量特多，竹筐装不下，乡邻便把多余的茶叶放在怀里，由于茶叶沾了热气，透出阵阵异香，而且香味浓郁。采茶的姑娘们都嚷着："吓煞人香！"其实，"吓煞人香"是苏州的一句方言，意为香气异常浓郁。于是众人争相传送，"吓煞人香"便成了野生茶的名字。康熙三十八年间，玄烨（即后来的康熙皇帝）南巡到太湖，在品过此茶得知其名后，认为"吓煞人香"这个名字不雅，便根

据茶是从东碧螺峰发现的这一事实赐名为"碧螺春茶"，从此这个好听的名字一直沿用至今。

碧螺春产于江苏省吴县太湖的洞庭山一带，所以又叫"洞庭碧螺春"。此茶外形卷曲如螺，是茶中的精品。

"碧螺春"条索紧结，卷曲成螺，白毫密被，银绿隐翠，并号称"三鲜"：香鲜浓、味鲜醇、色鲜艳，散发诱人的花香果味，

沁人心脾，别具一番风韵。

碧螺春都是采收茶树的芯芽制成，把茶叶装在罐子里，看起来相当蓬松，素有“一斤碧螺春四万春树芽”之称。碧螺春的茶叶非常娇嫩，采摘时必须非常及时和细致。高级碧螺春在春分前后便开始采制，“分前”的碧螺春十分名贵，堪称10年难得的珍品。到了清明时正是采制的黄金季节，此时的碧螺春也贵为上品。碧螺春一般分为七个等级，大体上芽叶随一至七级逐渐增大，茸毛逐渐减少。炒制时锅温、投叶量、用力程度，随级别降低而增加。即级别低的要求锅温高，投叶量多，做形时用力也就相应重一些。

品尝碧螺春，可在白瓷杯或洁净透明的玻璃杯中放入3克茶叶，不必加盖，先用少许热水浸润茶叶，待茶叶稍展开后，续加80℃热水冲泡。也可先往杯中注水，后投茶叶，静待2～3分钟后即可闻香、观色、品评。瞬时间碧绿纤细的芽叶沉浮于杯中，犹如白云翻滚，雪花飞舞，叶底成朵，鲜嫩如生。欣赏了碧螺春在杯中的奇妙变化后，随之会有扑鼻的清香徐徐而来，细啜慢品碧螺春的花香果味，头酌色淡、幽香、鲜雅；二酌翠绿、芬芳、味醇；三酌碧清、香郁、回甘，使人心旷神怡，仿佛置身于洞庭东西山的茶园果圃之中，领略那“入山无处不飞翠，碧螺春香百里醉”的意境，真是其贵如珍，不可多得。

三、信阳毛尖

相传，信阳毛尖开始种在信阳的鸡公山上，名叫“口唇茶”。这口唇茶原是九天仙女种的，这种茶沏上开水后，从升起的雾气中会显现出九个仙女，一个接一个飘飘飞去。品尝起来，满口清香，浑身舒畅，能够医治疾病。

信阳毛尖产于河南省南部大别山区的信阳县，信阳产茶已有2000多年历史，茶园主要分布在车云山、集云山、天云山、云雾山、震雷山、黑龙潭等群山的峡谷之间。这里地势高峻，一般高达800米以上，群峦叠翠，溪流纵横，云雾多。清朝乾隆年间有人道："云去青山空，云来青山白。白云只在山，长伴山中客。"这里还有豫南第一泉"黑龙潭"和"白龙潭"，景色奇丽，曾有诗人赞曰："立马层崖下，凌空瀑布泉。溅花飞雾雪，暄石向晴天。直讶银河泻，遥疑玉洞开。"这缕缕之雾滋生润育了肥壮柔嫩的茶芽，为制作独特风格的茶叶提供了天然条件。

欲知毛尖独特风格，须知细采巧烘炒。采摘是制好毛尖的第一关，一般自四月中下旬开采，分20～25批次采，每隔2～3天巡回采一次。以一芽一叶或一芽二叶初展为特级和一级毛尖，一芽二三叶制2～3级毛尖。芽叶采下，分级验收，分级摊放，分别炒制。

鲜叶经适当摊放后，进行炒制。分生锅和熟锅两次炒，炒生锅的主要作用是杀青并轻揉。鲜叶投入斜锅中，每次投叶750克为佳，用竹茅扎成束的扫把，有节奏地挑动翻炒。经3～4分钟，叶变软时，用扫把末端扫拢叶子，在锅中呈弧形地团团抖动，使叶子初步成条。炒熟锅是用扫把呈弧形来回抖动，予以紧条和理条，使茶叶外形达到紧、细、直、光，然后将茶叶摊放在焙笼上，约经半小时，再放到坑灶上烘焙。

信阳毛尖外形细、圆、紧、直、多白毫，内质清香，汤绿味

浓。1915 年在巴拿马万国博览会上获名茶优质奖状；1959 年被列为我国十大名茶之一；1982 年再次被评为国家、部级优质名茶；1985 年被选送到全国优质农产品展评会展出，销往国内 20 个省区以及日本、德国、美国、新加坡、马来西亚等 10 余个国家，深受欢迎。

四、黄山毛峰

黄山位于安徽省南部，是著名的游览胜地，而且群山之中所产名茶“黄山毛峰”，品质优异。讲起这种珍贵的茶叶，不得不提它的始祖！

清代安徽歙县漕溪谢氏《馀庆堂》第47世孙谢正安，18岁开始便去江北做生意。咸丰中叶，太平军路经徽州，“家业为之荡尽”。由其弟正富侍双亲逃难求生。后遭瘟疫，亲房叔伯大半死亡。安定两年，弟又病逝。正安已是“当孑然寡助之时，处家无立锥之地”，到了穷困潦倒的地步。“恐忝所生，誓欲重撑夫门户”。于是他带领家人，到离家九公里处的深山充头源租山开垦，种粮度日，结合种植茶园。此间蒋（新田）、郑（瓦窑坦）、王（横路下）三户及安庆造难的吴、储两户陆续迁入充头源蔼户，租山种粮，发展茶园。同治年间，“商务奋共”，正安常在外跑商务，并每年在漕溪挂秤收购春茶，略经加工后挑到皖东运漕、柘皋设店销售。其姻亲谢光荪在江苏靖江县新沟司衙内任职，又将茶叶从长江水路先到靖江、再到上海闯市场，大开了眼界。当时上海茶庄林立，各庄普有名品。而常品茶竞争相当激烈，使得谢正安清醒地认识到，在上海市场开茶庄，既要有好招牌，更要手中有极品名茶。他集市场商务实践和20多年种、采、制、销茶叶之经验，又受父、叔多方谋划指点，筹办茶号，在同治后期已形成趋势。光绪元年间（1875年），漕溪“谢裕大茶号”开张。清明后，他亲自带领家人到充头源泰园选采肥壮芽茶做原料，经过“下锅炒（即用五桶锅杀青）、轻滚转（手轻揉）、焙生胚（毛火）、盖上园簸复老烘（足火、显毫）”的精心制作，形成了别具风格的新茶——“白毫披身，芽尖似峰”的“毛峰”。因数量极少，先运到上海新挂牌的“谢裕大茶庄”，被英国茶商连声称赞，不仅毛峰迅速名扬上海，亦为茶庄迅速外销打通渠道。后因毛峰产地既属充头源，又邻近黄山，遂称“黄山毛峰”。故此，谢正安既为“谢裕大茶行”开创者，又为“黄山毛峰”创始人，被世人称为始祖。谢氏《馀庆堂》分支立“慎裕堂”，为置产所用。光绪二十七年（1901年）仲春《歙邑黄山漕溪谢慎裕堂正安屯溪置产簿》所记载，后来当地对慎裕堂人统称为“茶行里人”。

黄山毛峰的产地海拔高，峰峦叠翠，山高谷深，溪流瀑布，俏树遍野，气候温和且雨水丰沛，终年云雾缭绕，群峰隐没在云海霞波之中，“晴时早晚遍地雾，阴雨成天满山云”。茶树在云雾蒸蔚下，芽叶肥壮，持嫩性强。加之山花烂漫，花香遍野，使茶树芽叶受到芬芳的熏陶，花香天成。如此得天独厚的生态环境，奠定了黄山毛峰优良的天然品质。

黄山毛峰采摘讲究非常细嫩，特级茶于清明至谷雨间采制，以初展的一芽一叶为采摘标准，采回的芽叶要拣制，当天采当天制。黄山毛峰成品茶外形细扁，稍卷曲，状似雀舌，白毫显露，色如象牙，黄绿油润，带金黄色鱼叶（俗称茶简），冲泡后，雾气凝顶，清香高爽，滋味浓醇和，茶汤清澈，叶底明亮，嫩匀成朵。

黄山毛峰可冲泡五六次，香味犹存。

五、庐山云雾

传说孙悟空在花果山当猴王的时候，常吃仙桃、瓜果、美酒，有一天忽然想起要尝尝玉皇大帝和王母娘娘喝过的仙茶。于是一个跟头上了天，驾着祥云向下一望，见九洲南国一片碧绿，仔细一看，方知竟是一片茶树。此时正值金秋，茶树已结籽，可是孙悟空却不知如何采种。这时，天边飞来一群多情鸟。见到猴王后便问他要干什么，孙悟空说："我那花果山虽好但没茶树，想采一些茶籽去，但不知如何采得。"众鸟听后说："我们来帮你种吧。"于是展开双翅，来到南国茶园里，一个个衔了茶籽，往花果山飞去。多情鸟嘴里衔着茶籽，穿云层、越高山、过大河，一直往前飞。谁知飞到庐山上空时，巍巍庐山胜景把它们深深吸引住了，领头鸟竟情不自禁地唱起歌来。领头鸟一唱，其他鸟跟着唱，茶籽便从它们嘴里掉了下来，直掉进庐山群峰的岩隙之中。从此云雾缭绕的庐山便长出一棵棵茶树，出产清香袭人的云雾茶。

在峰峦起伏，云雾缭绕的庐山之巅，盛产着"叶质肥厚，芽

大，被盖白毫，香气清而悠长，滋味鲜洁甘甜”的绿茶珍品“庐山云雾茶”。庐山云雾茶系我国十大名茶之一，始产于汉代，已有1000多年的栽种历史，宋代列为“贡茶”。庐山云雾茶以“味醇、色秀、香馨、液清”而久负盛名，畅销国内外。仔细品尝，其色如沱茶，却比沱茶清淡，盛于碗中宛若碧玉。味道类似“龙井”，却比龙井更加醇厚，若用庐山的山泉沏茶焙茗，就更加香醇可口。

1951年，庐山云雾茶进入国际市场试销后，深受欢迎；1971年，庐山云雾茶被列入中国绿茶类的特种名茶；1982年，在江西21种茶叶评比中，名列江西八大名茶之冠；同年，全国名茶评比又被定为中国名茶；1985年，获全国优质产品银牌奖；1989年，获首届中国食品博览会金牌奖。

六、六安瓜片

六安瓜片的历史渊源，史料尚无考证。多年来，许多茶叶工作者寻根溯源，略有所获，较为可信的传说有两种：

一是说，1905年前后，六安泰行一评茶师从收购的绿泰中拣取嫩叶，剔除梗朴，作为新产品应市，获得成功。信息不胫而走，金寨麻埠的茶行闻风而动，雇佣茶工，易法采制，并起名“峰翅”（意为蜂翅）。此举又启发了当地一家茶行，在齐头山的后冲，把采回的鲜叶剔除梗芽，并将嫩叶、老叶分开炒制，结果成茶的色、香、味、形均使“峰翅”相形见绌。于是附近茶农竞相学习，纷纷仿制。这种片状茶叶形似葵花子，遂称“瓜子片”，以后即叫成了“瓜片”。

二是说，麻埠附近的祝家楼财主，与袁世凯是亲戚。祝家常以土产孝敬，袁世凯食茶成癖，茶叶自是不可缺少的礼物。但其时当地所产的大茶、菊花茶、毛尖等，均不能使袁世凯满意。1905年前后，祝家为取悦于袁世凯，不惜工本，在后冲雇佣当地有经验的茶工，专拣春茶的第1~2片嫩叶，用小帚精心炒制，炭火烘焙，所制新茶形质艳丽，袁世凯大加赞赏。当地恭行也悬高价收买，以促茶农仿制。新茶登市后，蜚声遐迩，连峰翅亦逊色多矣。峰翅品质虽优于大茶，但其采制技术均与大茶相同。而瓜片却脱颖而出，色、香、味、形别具一格，日益博得饮品者的喜嗜，逐渐发展为全国名茶。

六安瓜片是中国著名绿茶，产于安徽六安、金寨、霍山一带，主产区为金寨齐云山。按山势高低又分为内山瓜片、外山瓜片两个产区，按采摘时间又分为“提片”（清明前挑选嫩叶制成）、“瓜片”（谷雨前采制）、“梅片”（梅雨季节采制）。六安瓜片外形大小匀整、色泽翠绿，其霜有润，滋味鲜醇回甜，汤色嫩绿明亮，叶底润绿且尚亮，香味浓醇持久，沁人肺腑。

六安瓜片已有300多年历史，明清时代均为贡品。慈禧膳食单上规定月供“齐山云雾”瓜片14两。1949年后，被列为全国十大名茶之一。六安瓜片由单片鲜叶制成，不含芽头和茶梗。鲜叶必须养到新梢“开面”才采摘，采回鲜叶要“扳片”，除去芽头、茶梗，而且老叶、嫩叶分开炒制。炒制方法十分讲究，特别是最后老火烘焙：“燃木炭于地炉中，火苗高可盈尺，每二人抬一烘篮在炉火上一罩即走，交替进行”。抬篮人一招一步都有节奏且配合默契，如跳古典舞蹈一般，煞是好看。

七、太平猴魁

有一个美丽的爱情传说，传说有一家小茶叶店，主人陈氏，丈夫早年亡故，只有一个独子名鲁义，鲁义和一个叫侯魁的姑娘相爱，后来由于地主逼婚，侯魁姑娘跳崖自尽，在自尽前她留给爱人采摘自“一线天”悬崖上曲仙茶，这就是后来的太平猴魁。

太平猴魁是烘青绿茶类尖茶中之极品名茶，是全国十大名茶之一。尖茶是皖南特产，盛产于今黄山区（原太平县）和泾县。

品质好的尖茶，称之“魁（奎）尖”。太平猴魁产于安徽省太平县猴坑、凤凰山、狮彤山、鸡公山、鸡公尖一带，其中以猴坑所产质量最为上乘。这里依山濒水，林茂景秀，湖光山色交融辉映。茶园多分布在25~40℃的山坡上，具有得天独厚的生态环境。这里年平均温度14~15℃，年平均降水量1650~2000毫米，土壤多为千枝岩、花岗岩风化而成的乌沙土，土层深厚肥沃，通气透水性好，茶树生长良好，芽肥叶壮，持嫩性强。当地茶树品种90%以上为柿大茶。这是个分枝稀、节间短、叶片大、色泽绿、茸毛多的品种，适制猴魁的良种资源。

太平猴魁的外形是两叶抱芽，平扁挺直，自然舒展，白毫隐伏，有“猴魁两头尖，不散不翘不卷边”之称。叶色苍绿匀润，叶脉绿中隐红，俗称“红丝线”。花香高爽，滋味甘醇，有独特的“猴韵”。汤色清绿明净，叶底嫩绿匀亮，芽叶成朵肥壮。品饮时，可体会出“头泡香高，二泡味浓，三泡、四泡幽香犹存”的意境。猴魁茶共分猴魁、魁尖以及尖茶一至五级，共七级，以猴魁为首。经久耐泡，香味犹存，具有爽口、润喉、明目、清心、提神之效。1915 年，在巴拿马举办的万国博览会上，中国展出的“太平猴魁”荣获一等金质奖章和证书。建国以来，曾多次获得省优、部优及国优金质奖、金牌奖。

八、峨眉竹叶青

竹叶青茶名的由来有一段鲜为人知的故事。1964 年，陈毅元帅视察峨眉山，在万年寺同方丈品茗对弈时，对所品之茶赞不绝口：“此乃何茶？”方丈答：“峨眉山特产，尚无名称。”并请陈毅赠名，元帅说道：“多像嫩竹叶啊，就叫竹叶青吧！”从此，竹叶青声名不胫而走。

峨眉竹叶青茶产于四川省海拔 800 ~ 1200 米的峨眉山。在云雾缭绕的峰顶，竹叶青茶汲取日月精华，挺秀青翠。竹叶青外形扁平翠绿，酷似杭州龙井，而风味又别有不同。据说，竹叶青的创制者是万年寺的觉空和尚，其命名者则是陈毅元帅。竹叶青茶选用的鲜叶十分细嫩，加工工艺十分精细。一般在清明前 3 ~ 5 天开摘，标准为一芽一叶或一芽二叶初展，鲜叶嫩匀，大小一致。

竹叶青茶的特点是外形扁条，两头尖细，形似竹叶；内质香气高鲜；汤色清明，滋味浓醇；叶底嫩绿均匀。1985 年在葡萄牙举行的第 24 届世界食品评选会上，荣获国际金质奖。

红茶品鉴

品茗轩

尝新茶

（北宋）曾巩

麦粒收来品绝伦，葵花制出样争新。

一杯永日醒双眼，草木英华信有神。

红茶起源于16世纪，在茶叶制造发展过程中，发现日晒代替杀青，揉捻后叶色红变而产生了红茶。最早的红茶生产从福建崇安的小种红茶开始。清代刘靖《片刻余闲集》中记述“山之第九曲处有星村镇，为行家萃聚。外有本省邵武、江西广信等处所产之茶，黑色红汤，土名江西乌，皆私售于星村各行”。自星村小种红茶出现后，逐渐演变产生了工夫红茶。到20世纪20年代，印度发展了将茶叶切碎加工的红碎茶，我国于20世纪50年代也开始试制红碎茶。

一、祁门红茶

相传，光绪元年（1875 年），有个黟县人叫余干臣，从福建罢官回籍经商，因羡福建红茶（闽红）畅销利厚，想就地试产红茶，于是在至德县（今东至县）尧渡街设立红茶庄，仿效闽红制法，获得成功。次年，就到祁门县的历口、闪里设立分茶庄，始制祁红成功。与此同时，祁门人胡元龙在祁门南乡贵溪进行“绿改红”，设立“日顺茶厂”试生产红茶也获成功。从此“祁红”

不断扩大生产，形成了我国的重要红茶产区。

祁门红茶，是我国十大名茶之一。茶叶主要产地祁门、东至、贵池、石台、黟县。9 世纪中叶已出名。相传清朝光绪元年间（1875 年），黟县人余干臣利用当地土质肥，山花多，茶质好等条

件，所精制红茶，有苹果、兰花之香味，而被誉为“祁门香”。该茶条索紧结秀长，色泽乌润，冲泡后汤色红艳明亮，滋味醇厚隽永，经久耐泡，香气清香持久。

1915 年，在巴拿马博览会上展出，荣获金质奖章和奖状，在国际市场上享有极高信誉，被誉为“群芬最”、“王子茶”；1980 年获国家优质产品奖章；1983 年获国家出口商品优质荣誉证书。

二、滇红茶

滇红茶即云南工夫红茶，产于风安、临沧、云县、双江、昌宁和勐海等县，历史悠久，被誉为红茶珍品。滇红茶的特点是香气浓高持久，滋味浓烈而醇爽，茶汤红浓色艳；芽壮而肥，色泽黄红鲜明，条形壮实，色泽乌红而光润，含有多种有益成分；且既耐冲泡，又耐贮藏，冲泡三四次香味不减，贮存过年仍味厚如初。

滇红茶的采摘期较长。这里的茶树不但春季发芽早，而且全年发芽轮次多，直至冬季仍发芽。为了采养结合，采摘期为每年的3月中旬至11月中旬，分为春茶、夏茶和秋茶，以春茶居多，秋茶最少。制作时大体上要经过萎凋、揉捻、发酵和干燥四大工序，制成毛茶。毛茶经定级归堆后，再分级加工精制，便成为各级滇红茶。

滇红功夫茶于1939年在云南凤庆首先试制成功，据《顺宁县志》记载："1938年，东南各省茶区接近战区，产制不易，中茶公司遵奉部命，积极开发西南茶区，以维持华茶在国际上现有市场，于民国二十八年（1939年）三月八日正式成立顺宁茶厂（今凤庆茶厂)，筹建与试制同时并进”。据史料记载，当年生产15吨销往英国，以后不断扩大生产，西双版纳勐海等地也组织生产，产品质量优异，深受国际市场欢迎。

三、宜红茶

宜红茶是驰名中外的传统出口产品，始产于16世纪末，主产地为宜昌、宜都、长阳、五峰四县，由于当时由宜昌集中转运汉口出口，故称“宜红”。四县被称为“宜红茶之乡”。当时，英国商人曾在此地开设“宝顺合茶庄”采购茶叶。该产品经传统工艺与现代技术相融汇精制而成，风格独特，品质优良，外形条索紧细，色泽乌黑油润，内质香气馥郁，汤色红浓，滋味醇厚。

宜红工夫茶是红茶类之佳品，早在公元1800年就销往俄国、英国，到1886年前后大量出口，远销苏联、美国、英国及东欧各国，享有较高声誉，曾荣获首届中国国际茶博交易会“中华文化名茶”金奖。1984年，红茶总产量1210. 95吨，宜昌、宜都、五峰等县均建有红茶精制厂。

四、黔红茶

黔红是贵州红碎茶的简称，主要产于湄潭、羊艾、花贡、广顺、双流等大中型专业茶场。20世纪50年代末试制成功以来，黔红远销美国、英国、荷兰、西德等国，年出口量达三万余担。贵州地处亚热带季风气候区，生产红碎茶的茶场又分布在省的中部、北部、南部的丘陵台地或河谷盆地。由于高温多雨、雨热同季、昼夜温差大，这些地区的大叶型品种、中叶型品种和地方群体品种长势旺，叶片厚，其内所含物质如氨基酸、茶多酚增多。制茶工艺上，改变了盘式揉捻打条的传统做法，实行快速、重切，缩短生产周期，充分发掘茶叶内含生化物质。成茶颗粒紧结、色泽油润，赢得了荷兰客户和英国伦敦出口公司的好评。

贵州红碎茶以其香气高、鲜爽度好、品质独具一格而著称，由于产地、茶树品种和加工方法的不同，其品质各具特色。羊艾中叶种红碎茶香气特高，在全国第三套样中连续多次名列前茅，被评为优质产品。晴隆花贡大叶种红碎茶，达国家规定二套样标准，品质接近滇红，能与斯里兰卡、印度的红茶媲美。开阳双流红碎茶曾获1983年外贸部优质产品荣誉证书。湄潭茶场的红碎茶被推为商业部优质产品。

乌龙茶品鉴

品茗散

云母散

（唐）白居易

晓雾云英漱井华，寥然身若在烟霞。

药销日曼三匙饭，酒渴春浓二碗茶。

每夜坐禅观水月，有时行醉玩风花。

净名事理人难解，身不出家心出家。

乌龙茶又叫青茶，它介于绿茶、红茶之间。先绿茶制法，再红茶制法，从而悟出了乌龙茶制法。

乌龙茶的起源，学术界尚有争议，有的推论出现在北宋，有的推定于清咸丰年间，但都认为最早在福建创制。清初王草堂《茶说》：“武夷茶……茶采后，以竹筐匀铺，架于风日中，名曰晒青，俟其青色渐收，然后再加炒焙……烹出之时，半青半红，青者乃炒色，红者乃焙色也”。从采茶到成茶整个过程均有详细描述，据闻，现今的福建武夷岩茶的制法仍保留了这种传统工艺的特点。

一、安溪铁观音

安溪西坪镇是闻名遐迩的铁观音发源地，“铁观音”的由来有两种传说。

一是“王说”。相传，西坪尧阳岩（系西坪镇南岩村）仕人王士仕，在清朝乾隆元年（1736 年）春，与诸友会于南轩，见南轩之旁层石荒园间有茶树与众不同，就移植在南轩之圃，悉心培育，采制成品，气味芬芳。乾隆六年，王奉召赴京，以此茶馈赠侍郎方望溪，方转献内庭。深谙茶道的乾隆皇帝饮后，大悦，以其茶乌润结实，沉重似“铁”，味香形美，犹如“观音”，赐名为“铁观音”。现存南轩遗迹，古木参天，怪石嶙峋，曲径通幽，前临滚滚羔溪，后有羊肠小道，沿山遍布奇石，惟妙维肖，有不同天然石洞数处，大者可容三四十人，旁有一古刹名“白石岩”，又名“仙公殿”，善男信女，络绎不绝。

二是“魏说”。相传，清朝雍正三年（1725 年）前后，西坪尧阳松林头（今西坪镇松岩村一带）的老茶农魏荫，勤于种茶，又信奉观音，每日晨暮必在观音像前敬奉清泰一杯，数十年不辍。有一天晚上，魏荫在熟睡中梦见自己荷锄出门，行至一溪涧边，在石缝中发现一株茶树，枝壮叶茂，芬芳诱人。魏荫好生奇怪，正想探身采摘，突然传来一阵狗吠声，把一场好梦扰醒。第二天清晨，魏荫循梦中途径寻觅，果然在观音仑打石坑的石隙间，发现一株如梦中所见的茶树。他细加观察，发现这种茶树叶形椭圆，叶肉肥厚，嫩芽紫红，异于他种。他喜出望外，遂将茶树移植在家中的一口破铁鼎里，悉心培育。茶树经数年的压枝繁殖，株株茁壮，叶叶油绿。于是魏荫便适时采制，果然茶质特异，香韵非凡。他视为家珍，密藏罐中，每逢贵客嘉宾临门，才取出冲泡品评。凡饮过此茶的人，均赞不绝口。一天，有位塾师饮了此茶，便惊奇地问："这是何好茶？"魏荫就把梦中所遇和移植的经过详告塾师，并说此茶是在岩石中发现，岩石威武胜似罗江，移植后又种在铁鼎中，想称它为"铁罗江"。塾师听后摇头道："有曲罗汉狰狞可怖，好茶岂可俗称。此茶乃观音托梦所获，还是称'铁观音'才雅！"魏荫听后，连声叫好。

铁观音原产于福建安溪县，属乌龙茶之极品。因成茶沉似铁，茶香浓郁，制茶人疑为观音所赐，故名。安溪在唐代时便已产茶，明代稍盛，铁观音于乾隆初年创制，至今有200余年历史。

安溪铁观音制作严谨，技艺精巧。一年分四季采制，谷雨至立夏为春茶，产量占全年总产量45% ~50%；夏至至小暑为夏茶，占25% ~30%；立秋至处暑为暑茶，占15% ~20%；秋分至寒露为秋茶，占10% ~15%。其中，以春茶最好；秋茶次之，香气特高，俗称秋香，但汤味较薄；夏茶、暑茶品质再次之。

优质铁观音茶条索卷曲、壮结、沉重、砂绿色、红点明显，并清晰具有蜻蜓头、螺旋体、青蛙腿、砂绿带白霜四大特点。汤色金黄，浓艳清澈，叶底肥厚明亮，具绸面光泽，有“绿底红镶边”之称。滋味醇厚甘鲜，香锐而浓，“七泡有余香”，俗称“观音韵”。铁观音的品饮，沿袭传统的“功夫茶”方式，陶制小壶冲泡，小杯品饮，异香扑鼻，回甘隽永，极致享受。

二、冻顶乌龙茶

相传100多年前，台湾省南投县鹿谷乡中，住着一位勤奋好学的青年，名叫林凤池，他学识广博，体健志高，而且非常热爱自己的祖国。记不得是哪一年，他听说福建省要举行科举考试，就很想去试试，可是家境贫寒，缺少路费，不能成行。乡亲们喜欢林凤池为人正直，有学识、有志气、有抱负，得知他想去福建赴考，就相约跑来对他说：“凤池，你想去考是好事！去吧，有困难，大家帮你，你别发愁，赶快做好准备吧！”说罢大家就慷慨解囊，给林凤池凑了足够的路费。林凤池感激万分，第三天即拜别乡亲上路了。临行时乡亲们到海边遴行，七嘴八舌地再三叮嘱：“祝你一路顺风，路上多加小心啊！”“不管考得怎样，可要回来呀！”“别忘了故乡和乡亲，我们盼你回来呢！

”林凤池感动得流下泪来，暗暗下定决心，一定要为乡亲们争光。

不久，林凤池果然金榜题名，考上了举人并在县衙内就职。一天，林凤池决定回台湾探亲，在回台湾前邀同僚一起到武夷山一游。上得山来，只见“武夷山水天下奇，千峰万塑皆美景”。山上岩间长着很多茶树，又听说树上的嫩叶做成乌龙茶，香高味醇，久服有明目、提神、利尿、去腻、健胃、强身等作用，便想能带些回台湾多好啊，于是向当地茶农购得36棵茶苗，精心带土包好，带到了台湾南投县。乡亲们见凤池衣还锦乡，喜出望外，又见他带来福建祖传种的乌龙泰苗，格外兴奋。他们推选几位有经验的老农，仔细地把36棵茶苗种植在附近最高的冻顶山上，并派专人精心管理。加之台湾气候温和，茶苗棵棵成活，不断吐着绿油油嫩芽，可爱极了。接着，人们按照林凤池介绍的方法，采摘芽叶，加工成了乌龙茶。这茶说来也怪，山上采制，山下就闻到了清香，而且喝起来清香可口，醇和回甘，气味奇异，成为乌龙茶中风韵独特的佼佼者，这就是现今台湾省“冻顶乌龙”的由来。

冻顶乌龙茶是台湾所产乌龙茶的一种。台湾生产的乌龙茶依据发酵程度（做青程度）的不同有轻度发酵茶（约20%）、中度发酵茶（约40%）和重度发酵茶（约70%）之分。轻度发酵茶似绿茶，具有清香；重度发酵茶似红茶，具有甜香；中度发酵茶清香较浓烈。冻顶乌龙茶属轻度或中度发酵茶，主产于台湾省南投县鹿谷乡的冻顶山。

冻顶乌龙茶的品质特点为：外形卷曲呈半球形，色泽墨绿油润，冲泡后汤色黄绿明亮，香气高，有花香，略带焦糖香，滋味甘醇浓厚，耐冲泡。冻顶乌龙茶品质优异，深受消费者的青睐，畅销台湾、港澳、东南亚等地，近年来中国内地一些茶艺馆也时髦饮用冻顶乌龙茶。冻顶产茶历史悠久，据《台湾通史》称：台湾产茶，其来已久，旧志称水沙连（今南投县埔里、日月潭、水里、竹山等地）社茶，色如松罗，能避瘴祛暑。至今五城之茶，尚售市上，而以冻顶为佳，唯所出无多。冻顶山是凤凰山的支脉，居于海拔700米的高岗上。传说山上种茶，因雨多山高路滑，上山的茶农必须绷紧脚尖（冻脚尖）才能上山顶，故称此山为“冻顶”。冻顶山上栽种了青心乌龙茶等茶树良种，山高林密土质好，茶树生长茂盛。冻顶乌龙茶的采制工艺十分讲究，采摘青心乌龙等良种芽叶，经晒青、凉青、浪青、炒青、揉捻、初烘、多次反复的团揉（包揉）、复烘、再焙火而制成。

三、白毫乌龙茶

白毫乌龙茶是台湾的茶中之茶，全世界仅台湾产制，俗称椪风茶。

传说在多年前，苗栗一带茶园染上特味的蜉尘子病虫害，时值春季，蜉尘子将茶叶啃食光光，全株只剩带绒毛的嫩芽不合蜉尘子胃口，而茶树养分自然全为芽叶所吸收。当时一位茶农不甘损失，仍摘下披覆白色绒毛的芽叶制成茶叶，运往北部贩售。却怎么也没料到，这批茶叶居然因口感特殊而大受欢迎，卖了不少好价钱。这位茶农回家告诉乡亲这个好消息，但大家皆认为他不过是吹牛（膨风）罢了，而椪风（膨风）俗之名就由此而来。

具有“最高级乌龙茶”之称的白毫乌龙茶，于每年端午节前后，采自受“茶小绿蝉”吸食的幼嫩茶芽，经手工搅拌控制发酵，使茶叶产生独特的蜜糖香或熟果香，而外观则以白、绿、红、

黄、褐五色相间。据说曾有英国商人将此“椪风茶”献给英女皇品尝，女皇赞美不已，因为它鲜艳可爱的外观犹如绝色佳人，故名其为“东方美人”；又有一说因其口感如香槟，所以也称为“东方香槟”。

四、黄金桂

黄金桂，以黄（木炎）品种茶树嫩梢制成的乌龙茶，因汤色金黄，奇香似桂花，故名。产于安徽安溪县，在产区，毛茶多成黄（木炎）或黄旦，黄金桂为成茶商品名。黄（木炎）树种于1860年移植至安溪，原树存活至1967年。

黄金桂为早芽种，一般4月中旬采摘，比铁观音早12～18天。采摘标准为，新梢生育形成驻芽后，顶叶呈小开面或中开面

时采下二三叶。过嫩则成茶香低味苦，过老则味淡薄，香粗次。黄金桂成茶条索紧细，色泽润亮金黄，香气带桂花香，滋味醇细甘鲜；汤色金黄明亮；叶底中间黄绿，边缘朱红。

五、武夷肉桂

武夷肉桂，亦称玉桂，由于它的香气滋味有似桂皮香，所以在习惯上称“肉桂”。

武夷山茶区是一片兼有黄山怪石云海之奇和桂林山水之秀的山水圣境。三十六峰，九曲溪水迂回环绕其间。山区平均海拔650米，有红色砂岩风化的土壤，土质疏松，腐质含量高，酸度适宜，雨量充沛，山间云雾弥漫，气候温和，冬暖夏凉，岩泉终年滴流不绝。茶树即生长在山凹岩壑间，由于雾大，日照短，漫射光多，茶树叶质鲜嫩，含有较多的叶绿素。

肉桂外形条索云整卷曲，色泽褐绿，油润有光；干茶嗅之有甜香，冲泡后之茶汤，特具奶油、花果、桂皮般的香气；入口醇厚回甘，咽后齿颊流香，茶汤橙黄清澈，叶底匀亮，呈淡绿底红镶边，冲泡六七次仍有“岩韵”的肉桂香。如今肉桂已有兴旺的后代，分布于水帘洞、三仰峰、马头岩、桂林岩、天游岩、晒布岩、响声岩、百花庄、竹窠、九龙窠等峰岩石之中和九曲溪畔，面积达1700亩以上。投入市场备受赞誉，被评为全国名茶之一。

六、凤凰水仙

凤凰水仙原产于广东潮安县凤凰山区，品种分布于广东潮安、饶平、丰顺、焦岭、平远等县，为有性群体，小乔木型，主干粗壮较疏，较直立或半开展。凤凰水仙由于选用原料优次和制作精细程度不同，按成品品质依次分为凤凰单丛、凤凰水仙二个品级。

凤凰单丛有“形美、色翠、香郁·味甘”之誉，茶条挺直肥大，色泽红褐呈鳝鱼皮色，油润有光。茶汤橙黄清澈，碗壁显金黄色彩圈，叶底肥厚柔团软，边缘朱红，叶腹黄亮，味醇爽回甘，具天然花香，香味持久，耐泡。以香高持久、味浓耐泡、饮后留香深受国内外饮者喜爱。凤凰山气候温暖竖立时，如鲜笋出土，雨量充沛，土壤肥沃，适宜茶树生长。山中茶树良种甚多，水仙茶种是其栽植较多者，故按茶种之名称为水仙茶。水仙茶特别耐泡，以小壶泡饮，头泡浓香扑鼻，虽经十泡仍有香有味。

白茶品鉴

品茗轩

入直

（宋）周必大

绿槐夹道集昏鸦，敕使传宣坐赐茶。

归到玉堂清不寐，月钩初上紫薇花。

唐、宋时所谓的白茶，是指偶然发现的白叶茶树采摘而成的茶，与后来发展起来的不炒不揉而成的白茶不同。而到了明代，出现了类似现在的白茶。田艺蘅《煮泉小品》记载："茶者以火作者为次，生晒者为上，亦近自然……清翠鲜明，尤为可爱。"现代白茶是从宋代绿茶三色细芽、银丝水芽开始逐渐演变而来的，最初是指干茶表面密布白色茸毫、色泽银白的"白毫银针"，后来经发展又产生了白牡丹、贡眉、寿眉等其他花色。

一、白牡丹

白牡丹属白茶类，它以绿叶夹银色白毫芽，形似花朵，冲泡之后绿叶托着嫩芽，宛若蓓蕾初开，故名白牡丹。产区分布于福建政和、建阳、松溪、福鼎等县，于1922年创制，原产地大湖。1922年政和开始产制，乃主产区。

白牡丹两叶抱一芽，叶态自然，色泽深灰绿或暗青苔色，叶张肥嫩，呈波纹隆起，叶背遍布洁白茸毛，叶缘向叶背微卷，芽叶连枝。汤色杏黄或橙黄，叶底浅灰，叶脉微红，汤味鲜醇。制造白牡丹的原料主要为政和大白茶和福鼎大白茶良种茶树芽叶，有时采用少量水仙品种茶树芽叶供拼和之用，制成的毛茶分别称为政和大白（茶）、福鼎大白（茶）和水仙白（茶）。

用于制造白牡丹的原料要求白毫显，芽叶肥嫩。传统采摘标准是春茶第一轮嫩梢采下一芽二叶，芽与二叶的长度基本相等，并要求“三白”，即芽及二叶满披白色茸毛。夏秋茶茶芽较瘦，不采制白牡丹。白牡丹的制造不经炒揉，只有萎凋及焙干两道工序，但工艺不易掌握，萎凋以室内自然萎凋的品质为佳。采下芽叶均匀薄摊于水筛上（一种竹筛），以不重叠为度，萎凋失水至七成干时两筛并为一筛，至八成半干时再两筛并为一筛，萎凋至九成五干时下筛，置烘笼中以90～100℃温度焙干，即为毛茶。

精制工艺比较简单，用手工拣出梗、片、蜡叶、红张、暗张后低温焙干，趁热拼和装箱。烘焙火候要适当，过高香味欠鲜爽，不足则香味平淡。

二、白毫银针

白毫银针，又称白毫，色白如银，形如针。创制于1889年，产于福建福鼎、政和两县。白毫银针属于白茶类，即微发酵茶，是中国福建的特产。过去因为只能用春天茶树新生的嫩芽来制造，所以相当珍贵。成品茶芽头肥壮，遍布白毫，挺直如针，色白似银。福鼎所产茶芽茸毛厚，色白而有光泽，汤色浅杏黄，味清鲜爽口。政和所出汤味醇厚，香气清芬。

现代生产的白茶，是选用茸毛较多的茶树品种，通过特殊的制茶工艺而制成的。鲜叶采自福鼎大白茶或政和大白茶树，茶芽肥壮长大。采摘标准为春茶嫩梢萌发一芽一叶时即将其采下，然后用手指将真叶、鱼叶轻轻予以剥离，剥出的茶芽经萎凋、焙干后为毛针，精制后为成茶。

白毫银针，由于鲜叶原料全部是茶芽，制成后，形状似针，

白毫密被，色白如银，因此命名为“白毫银针”。其针状成品茶，长三厘米多，整个茶芽为白毫覆被，银装素裹，熠熠闪光，令人赏心悦目。冲泡后，香味怡人，饮用后口感甘香，滋味醇和。杯中的景观也使人情趣横生，茶在杯中冲泡，即出现白云疑光闪，满盏浮花乳，芽芽挺立，蔚为奇观。白毫银针的采摘十分细致，要求极其严格，规定雨天不采、露水未干时不采、细瘦芽不采、紫色芽头不采、风伤芽不采、人为损伤不采、虫伤芽不采、开心芽不采、空心芽不采、病态芽不采，号称十不采。

白毫银针，味温性凉，有健胃提神之效，祛湿退热之功，常作为药用，对于白毫银针的药效，清代周亮工在《闽小记》中，有很好的说明，“太佬山古有绿雪芽，今呼白毫，色香俱绝，而尤以鸿雪洞为最，产者性需凉，功同犀牛，为麻疹圣药，运销国外，价同金埒（即同金等）。”海外对白毫银针极为珍贵，称其有降虚火、解邪毒的作用，常饮能防疫祛病。欧洲某些地区至今还有饮用红茶时，添加少量银针的习俗，以示名贵。

三、贡眉

贡眉，也称寿眉，属白茶，主要产于福建建阳县，建瓯、浦城等县也有生产，产量约占白茶总产量一半以上。制作贡眉原料采摘标准为一芽二叶至一芽二三叶，要求芽嫩、芽壮，制作工艺与白牡丹基本相同。优质贡眉毫心显而多，色泽翠绿，汤色橙黄或深黄。叶张主脉迎光透视，则呈红色。贡眉主销香港、澳门地区。

黄茶品鉴

品茗轩

金芽嫩采枝头露

（宋）李德载

金芽嫩采枝头露，雪乳香浮塞上酥。

我家奇品世间无，君听闻，声价彻皇都。

黄茶的出现，也要从绿茶说起。绿茶的基本工艺是杀青、揉捻、干燥，当绿茶炒制工艺掌握不当，如炒青杀青温度低，蒸青杀青时间长，或杀青后未及时摊凉及时揉捻，或揉捻后未及时烘干炒干，堆积过久，使叶子变黄，产生黄叶黄汤，类似后来出现的黄茶。因此，黄茶的产生可能是从绿茶制法不当演变而来。据史料记载，明代许次纾《茶疏》（1597 年）记载了这种演变历史。

一、霍山黄芽

霍山自古多产黄茶，金枝玉叶的黄大茶产于霍山，金芽黄叶的黄小茶的黄芽也产于霍山。霍山黄芽早在1000多年前就已成为唐朝名茶。据唐朝李肇写的《国史补》中，关于开元至长庆（713－821年）年间史实的记载，有一段这样说："寿州有霍山黄芽，蕲州有蕲门团黄，而浮梁商货不在焉。"这说明当时的霍山黄芽很出名，但这里可能是指黄色的嫩芽，因唐朝都是生产蒸青团茶，像现在的炒青散茶还未出现。

霍山黄芽的品质特点：芽叶细嫩多毫，形似雀舌，叶色黄绿，汤色绿黄带黄圈，叶底嫩黄，滋味浓厚鲜醇，有熟板栗香。黄大茶与黄小茶（黄芽）采摘的区别：黄大茶的鲜叶标准一芽四五叶，其他黄茶则要求细嫩匀整。属于黄小茶的如黄芽的君山银针、蒙顶黄芽、北港毛尖、远安鹿苑茶、平阳黄汤、沩山毛尖等。

黄芽制法特点与绿茶区别，主要是通过闷黄工序，使其叶片中叶绿素破坏，酚类物质发生氧化，氧化程度不同，变黄程度就不同。闷堆技术有几种形式：杀青后趁热闷堆，如台湾省黄茶；揉捻后闷堆，如黄汤；初干后闷堆，如黄大茶；纸包低温闷堆，如君山银针；薄摊闷堆，如霍山黄芽。采取不同的闷堆技术，芽叶变黄程度不一样，形成黄茶品质也各有不同。霍山黄芽在黄芽中的变黄程度算是轻的一类，因而品质接近绿茶。

霍山黄芽炒制技术，分炒茶（杀青和做形）、初烘、摊放、足火、摊放、复火等过程。炒茶用小芒花扫帚，分生锅和熟锅，生锅起杀青作用，炒时扫帚要在锅中旋转并轻巧地挑动叶子，兼

用手辅助抖散，避免产生闷味或不匀。熟锅起做形作用，炒时要炒中带轻揉，使叶子皱缩成条。初烘至六成干，摊放1～2天，叶片变黄，拣去红梗老叶等杂物，再上烘至八九成干，任其回软1～2天，最后进行一次烘焙。

二、君山银针

据说，君山茶的第一颗种子还是4000多年前娥皇、女英播下的。后唐的第二个皇帝明宗李嗣源，第一回上朝的时候，侍臣为他捧杯沏茶，开水向杯里一倒，马上看到一团白雾腾空而起，慢慢地出现了一只白鹤。这只白鹤对明宗点了三下头，便朝蓝天翩翩飞去了。再往杯子里看，杯中的茶叶都齐崭崭地悬空竖了起来，就像一群破土而出的春笋。过了一会，又慢慢下沉，就像是雪花坠落一般。明宗感到很奇怪，就问侍臣是什么原因。侍臣回答说："这是君山的白鹤泉（即柳毅井）水，泡黄翎毛（即银针茶）缘故。"明宗心里十分高兴，立即下旨把君山银针定为"贡茶"。君山银针冲泡时，棵棵茶芽立悬于杯中，极为美观。

君山银针茶产于烟波浩渺的洞庭湖中的青螺岛，有"洞庭帝子春长恨，二千年来草更长"的描写，是具有千余年历史的传统名茶。其成品茶芽头茁壮，长短大小均匀，茶芽内面呈金黄色，外层白毫显露完整，而且包裹坚实，茶芽外形很像一根根银针，故得其名。

君山银针全由没有开叶的肥嫩芽尖制成，满布毫毛，色泽鲜亮，香气高爽，汤色橙黄，滋味甘醇，虽经久置，其味不变，冲

时尖尖向水面悬空竖立，继而徐徐下沉，头三次都如此。竖立时，如鲜笋出土；沉落时，像雪花下坠，有很高的欣赏价值。

君山茶历史悠久，唐代就已生产、出名。文成公主出嫁西藏时就曾选带了君山茶。后梁时已列为贡茶，以后历代相袭。冲泡时可从明亮的杏黄色茶汤中看到根根银针直立向上，几番飞舞之后，团聚一起立于杯底。

君山银针采制要求很高，比如采摘茶叶的时间只能在清明节前后 7～10 天内，还规定了九种情况下不能采摘，即雨天、风霜天、虫伤、细瘦、弯曲、空心、茶芽开口、茶芽发紫、不合尺寸等。唯在烘干处理上颇有特殊之处，烘干分为初烘、初包、复烘、复包四个步骤，要经三天时间。初烘温度为八九十摄氏度，烘到七成干后，用牛皮纸包好后放置木箱中，称为初包，经两天再取出复烘，复烘温度较低，烘至九成干时，再用纸包好，放置一天时间，等到芽色变成淡黄，发出清鲜香气，再用低温烘至充分干燥后放入铁箱中储藏。采用这种工艺，能使芽叶内所含有效化学物质随着叶中水分的缓慢散失发生良好的变化，茶叶色香味形更臻完善。经考证，《红楼梦》中谈到妙玉用隔年的梅花积雪冲泡的“老君眉”即是君山银针。

三、蒙顶黄芽

蒙顶黄芽，以黄山牌注册商标名世，因生产厂家注册商标不同，故茶名有“山”与“顶”之别。产于四川省名山县蒙顶山山区。蒙顶黄芽以每年清明节前采下的鳞片开展的圆肥单芽为原料，成品茶外形芽条均整扁直，色泽微黄油润，芽毫毕露，汤色黄中透绿，甜香浓郁，滋味鲜醇回甘，叶底全芽嫩黄匀整，为蒙山茶中的极品。蒙顶茶栽培始于西汉，距今已有2000年的历史，古时为贡品供历代皇帝享用，新中国成立后曾被评为全国十大名茶之一。

四、沩山白毛尖

产于湖南宁乡县大沩山之沩山乡，属黄茶。沩山茶之历史可追溯至唐代。民国时期仍有记载，曰沩山茶之香嫩清纯不让龙井、武夷，以密印寺院内所出为最佳。又有传说院内一老禅师善做茶，又能识沩山地土和山向何处产茶为佳。“文革”时期曾发现寺内大佛像体内存茶30余斤，有人称此为“茶禅一味”之见证。甘肃、新疆等地至今仍喜饮此茶，被视为礼茶之珍品。

沩山白毛尖的品质特点是，外形叶缘微卷成块状，色泽黄亮油润，白毫显露，汤色橙黄明亮，松烟香芬芳浓厚，滋味醇甜爽口，叶底黄亮嫩匀。沩山海拔千余米，山上有天然盆地，地势高峻，群峰环抱，纵横10余公里，为盛产茶叶之所。密印寺位于沩山主峰之下，林木繁茂，又有卢花泉瀑布一泻千里，加之境内溪流密布，常年云烟缥渺，罕见天日，茶园饱受雾露滋润。

沩山白毛尖于清明后7～8天开采，芽叶标准为一芽一二叶初展。当天采摘当天制，以保持芽叶的新鲜度。制造分杀青、闷黄、轻揉、烘焙、拣剔、熏烟六道工序，烟气为一般茶叶所忌，更不必说是名优茶，而悦鼻的烟香却是沩山白毛尖品质的主要特点。制作工艺中，熏烟为沩山白毛尖独特之处，乃关键工序。发烟燃

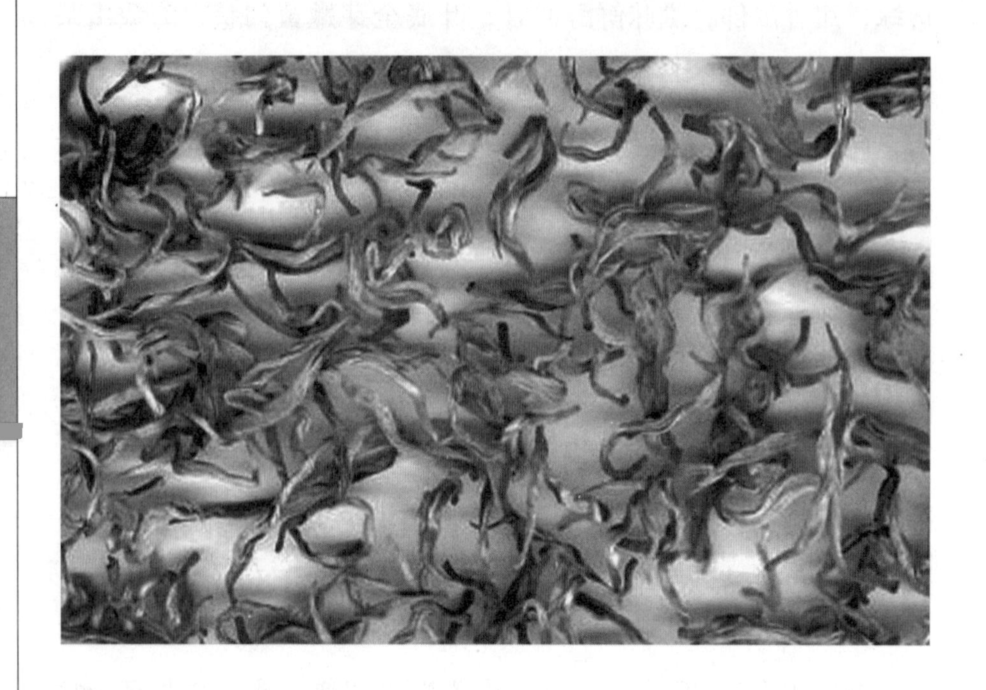

料为新鲜芳香之枫果球和黄藤，暗火慢焙以提高烟气浓度，以便茶叶充分吸附烟气中的芳香物质。

五、鹿苑毛尖

清代咸丰《远安县志》记载，远安茶以鹿苑为绝品，鹿苑茶因产于鹿苑寺而得名，该寺位于县城西北群山之中的云门山麓。据县志记载，鹿苑茶起初（公元1225年）为鹿苑寺僧在寺侧栽植，产量甚微。当地村民见茶香味浓，便争相引种，遂扩大到山前屋后种植，从而得到发展。现已在鹿苑一带创制出一种黄茶类的鹿苑毛尖。

鹿苑毛尖的品质特点是，外形条索环状（环子脚），白毫显露，色泽金黄（略带鱼子泡），香郁高长，滋味醇厚回甘，汤色黄净明亮，叶底嫩黄匀整，被誉为湖北茶中之佳品。清代光绪九年（公元1883年），高僧金田来到鹿苑巡寺讲法，品茶题诗，称颂鹿苑茶为绝品，诗云：山精石液品超群，一种馨香满面熏，不但清心明目好，参禅能伏睡魔军。古今流传的“清溪寺的水（今湖北当阳县），鹿苑寺的茶”，正是对鹿苑茶的赞美。

黑茶品鉴

品茗轩

题品茶图

（明）唐寅

买得青山只种茶，峰前峰后摘新芽。

烹煎已得前人法，蟹眼松风朕自嘉。

绿茶杀青时叶量过多火温低，使叶色变为近似黑色的深褐绿色，或以绿毛茶堆积后发酵，渥成黑色，这是产生黑茶的过程。黑茶的制造始于明代中叶，明御史陈讲疏曾撰文记载了黑茶的生产："商茶低仍，悉征黑茶，产地有限……"

一、云南普洱茶

普洱茶为黑茶类之代表，是在云南大叶茶基础上培育出的一个新茶种。普洱茶亦称滇青茶，原运销集散地在普洱县，故此而得名，距今已有 1700 多年的历史。它是用攸乐、萍登、倚帮等

11个县的茶叶，在普洱县加工而成。其品质特点是：香气高锐持久，带有云南大叶茶种特性的独特香型，滋味浓强，富于刺激性；耐泡，经五六次冲泡仍持有香味；汤橙黄浓厚，芽壮叶厚，叶色黄绿间有红斑红茎叶，条形粗壮结实，白毫密布。

普洱茶生产历史悠久，南宋李石《续博物志》记载，西藩用普茶已自唐朝。清代普洱府即现代普洱县，周围所产茶叶运至普洱府集中加工再远销，普洱成为集散地，远销蒙、康、藏各地，普洱茶因此得名。

普洱茶是采用绿茶或黑茶经蒸压而成的各种云南紧压茶的总称，包括沱茶、饼茶、方茶、紧茶等。运用不同的加工方法，可制成多种普洱茶。鲜叶经过杀青、揉捻、晒干制成的大叶青茶叫普洱散茶。用普洱散茶蒸制、压模，可制成方形的“普洱方茶”、碗形的“普洱沱茶”、圆形的“七子饼茶”、心形的“普洱紧茶”。普洱茶品质别具一格，色泽乌润，香气馥郁，滋味醇厚回甜，饮后令人回味无穷，而且茶性温和，有较好的药理作用。

普洱茶的产区气候温暖，雨量充足，湿度较大，土层深厚，有机质含量丰富。茶树分为乔木或乔木形态的高大茶树，芽叶极其肥壮而茸毫茂密，具有良好的持嫩性，芽叶品质优异。采摘期从3月开始，可以连续采至11月。在生产习惯上，划分为春、夏、秋茶三期。采茶的标准为二三叶。其制作方法为亚发酵青茶制法，经杀青、初揉、初堆发酵、复揉、再堆发酵、初干、再揉、烘干八道工序。

经医学临床实验证明，普洱茶具有降低血脂、减肥、抑菌、助消化、暖胃、生津、止渴、醒酒、解毒等多种功效，因此，海外侨胞和港澳同胞常将普洱茶当作养生妙品。普洱茶已远销港澳地区及日本、马来西亚、新加坡、美国、法国等十几个国家。

二、湖南黑茶

湖南黑茶原产于安化，最早产于资江边上的苞芷圆，后转达至资江沿岸的雅省坪、黄省坪、硒州、江南、小淹等地，以江南为集中地，品质则以高家溪和马家为最著名。过去湖南黑茶集中在安化生产，现在产区已扩大到桃江、沅江、汉寿、宁乡、益阳和临湘等地。黑茶的制作工艺包括杀青、初揉、渥堆、复揉、烘焙、摊晾、包装等几个过程才能完成。

黑志茶分为四个等级，高档茶较细嫩，低档茶较粗老。一级茶条索紧卷、圆直，叶质较嫩，色泽黑润。二级茶条索尚紧，色

泽黑褐尚润。三级茶条索欠紧，呈泥鳅条，色泽纯净，呈竹叶青带紫油色或柳青色。四级茶叶张宽大粗老，条索松扁皱折，色黄褐。湖南黑毛茶内质要求香味醇厚，无粗涩味。花砖茶、茯砖茶和湘尖茶等主销新疆、青海、甘肃、宁夏等省区。

三、四川边茶

四川边茶生产历史悠久。清朝乾隆时代规定雅安、天全、荥经等地所产的边茶专销康藏，称“南路边茶”。而灌县、崇庆、大邑等地所产边茶专销川西北松潘、理县等地，称“西路边茶”。

南路边茶是割当季或当年成熟的新梢枝叶。南路边茶是压制“康砖”和“金尖”的原料。西路边茶的鲜叶原料比南路边茶更粗老，采割当年或1～2年生茶树枝叶，杀青后晒雪于即可。西路边茶毛茶色泽枯黄，是压制“茯戊”和“方包茶”的原料。

第十二章
茶之韵

我国的茶具种类繁多，造型优美，既有实用价值，又富艺术之美，所以驰名中外，为历代饮茶爱好者所青睐。茶具的产生，考始于奴隶社会，当时茶具主要为煮茶的锅、饮茶用的和贮茶用的罐等。随着时代的演变，茶叶消费日广，因消费的茶类不同，习俗不同，消费对象不同，茶具的形式、茶具的配套或茶具的用料等，都在不断发生变化。茶具不仅是饮茶之器具，还是一种特殊的工艺品。杯茶在手，既可闻香品味，察颜观色，又可在饮茶清新的环境、茶具的诗情画意的氛围中，怡悦性情。品茶观具，妙趣横生，既是一种物质的享受，也是丰富生活情趣，导致身心舒泰的高雅娱乐。

饮茶既然富含艺术，品茶艺术也就应运而生。在中国饮茶史上，茶艺历来为人们所推崇。“竹下忘言对紫茶，全胜羽客醉流霞”（唐·钱起），“幸有香茶留稚子，不堪秋草送王孙”（唐·李嘉祐）。峰峦、竹林、紫茶、清风，亲朋欢聚，挚友抒怀，如此品茶，雅趣不亚于流霞肴撰，茶艺之美自然也在其中了。

茶之具

品茗轩

一言至七言诗·茶

（唐）元稹

茶。

香叶，嫩芽。

慕诗客，爱僧家。

碾雕白玉，罗织红纱。

铫煎黄蕊色，碗转曲尘花。

夜后邀陪明月，晨前命对朝霞。

洗尽古今人不倦，将至醉后岂堪夸。

经过近2000年的发展，茶具也因茶文化的发展而种类繁多，自成风格。

一、金属茶具

金属用具是指由金、银、铜、铁、锡等金属材料制作而成的器具。它是我国最古老的日用器具之一，早在公元前18世纪至公元前221年秦始皇统一中国之前的1500年间，青铜器就得到了广泛的应用。先人用青铜制盘盛水，制作爵、尊盛酒，这些青铜器皿自然也可用来盛茶。自秦汉至六朝，茶叶作为饮料已渐成风尚，茶具也逐渐从与其他饮具共用中分离出来。大约到南北朝时，我国出现了包括饮茶器皿在内的金银器具。到隋唐时，金银器具的制作达到高峰。

从宋代开始，古人对金属茶具褒贬不一。元代以后，特别是从明代开始，随着茶类的创新，饮茶方法的改变，以及陶瓷茶具的兴起，才使包括银质器具在内的金属茶具逐渐消失，尤其是用锡、铁、铅等金属制作的茶具，用它们来煮水泡茶，被认为会使“茶味走样”。如明朝张谦德所著《茶经》，就把瓷茶壶列为上等，金、银壶列为次等，铜、锡壶则属下等，为行家们所不屑使用。到了现代，金属茶具也更是很少有人使用了。但用金属制成贮茶器具，如锡瓶、锡罐等，却屡见不鲜。这是因为金属贮茶器具的密闭性要比纸、竹、木、瓷、陶等好，具有较好的防潮、避光性能，这样更有利于散茶的藏贮。因此，用锡制作的贮茶器具，至今仍流行于世。

二、瓷器茶具

瓷器茶具的品种很多，其中主要的有青瓷茶具、白瓷茶具、黑瓷茶具和彩瓷茶具。这些茶具在中国茶文化发展史上，都曾有过辉煌的一页。

1. 青瓷茶具

东汉年间就已开始生产色泽纯正、透明发光的青瓷。晋代浙江的越窑、婺窑、瓯窑已具相当规模，最流行的是一种叫“鸡头流子”的有嘴茶壶。六朝以后，许多青瓷茶具拥有莲花纹饰。唐代的茶壶又称“茶注”，壶嘴称“流子”。形式短小，取代了晋时的鸡头流子。相传唐时，西川节度使崔宁的女儿发明了一种茶碗的碗托，她以蜡做成圈，以固定茶碗在盘中的位置，以后演变为瓷质茶托。这就是后来常见的茶托子，现代称为“茶船子”。其实，早在《周礼》中就把盛放杯樽之类的碟子叫作“舟”，可见“舟船”之称远古已有。

宋代时期，作为当时五大名窑之一的浙江龙泉哥窑生产的青瓷茶具已达到鼎盛时期，远销各地。到明代，青瓷茶具更以其质地细腻，造型端庄，釉色青莹，纹样雅丽而蜚声中外。16 世纪末，龙泉青瓷出口法国，轰动整个法兰西，人们用当时风靡欧洲的名剧《牧羊女》中的女主角雪拉同的美丽青袍与之相比，称龙泉青瓷为“雪拉同”，视为稀世珍品。当代，浙江龙泉青瓷茶具又有新的发展，不断有新产品问世。这种茶具除具有瓷器茶具的众多优点外，因色泽青翠，用来冲泡绿茶，更有益汤色之美。不

过，用它来冲泡红茶、白茶、黄茶、黑茶，则易使茶汤失去本来面目，似有不足之处。

2. 白瓷茶具

白瓷具有坯质致密透明，上釉、成陶火度高，无吸水性，音清而韵长等特点。因色泽洁白，能反映出茶汤色泽，传热、保温性能适中，加之色彩缤纷，造型各异，堪称饮茶器皿中之珍品。

白瓷，早在唐代就有“假玉器”之称。唐代饮茶之风大盛，促进了茶具生产的相应发展，全国有许多地方的瓷业都很兴旺，形成了一批以生产茶具为主的著名窑场。各窑场争美斗奇，相互竞争，使这一时期的白瓷制造业蒸蒸日上。据《唐国史补》载，河南巩县瓷窑在烧制茶具的同时，还塑造了茶神陆羽的瓷像，客商每购茶具若干件，即赠送一座瓷像，以招揽生意。河北邢窑生产的白瓷器具已“天下无贵贱通用之”。另外，唐朝白居易还作诗盛赞四川大邑生产的白瓷茶碗，其他如浙江余姚的越窑、湖南的长沙窑也都产白瓷茶具。

北宋时期，景德窑生产的瓷器质薄光润，白里泛青，雅致悦目，并有影青刻花、印花和褐色点彩装饰。

到元代，景德镇因烧制青花瓷而闻名于世。青花瓷茶具幽靓典雅，不仅为国内所共珍，而且还远销国外。明朝时，在永乐、宣德青花瓷的基础上，又创造了各种彩瓷，产品造型精巧，胎质细腻，彩色鲜丽，画意生动，十分名贵，畅销海外，国际上誉我国为“瓷器之国”。

江西景德镇的白瓷最为著名，其次如湖南醴陵、河北唐山、安徽祁门的白瓷茶具等也各具特色。此外，传统的“广彩”茶具也很有特色，其构图花饰严谨，闪烁有光，人物古雅有致，加上施金加彩，宛如千丝万缕的金丝彩线交织于锦缎之上，显示出金碧辉煌、雍容华贵的气派。如今，白瓷茶具更是面目一新。这种白瓷茶具适合冲泡各类茶叶，加之造型精巧，装饰典雅，其外壁多绘有山川河流、四季花草、飞禽走兽、人物故事，或绘以名人书法，颇具艺术欣赏价值。所以，使用最为普遍。

3. 黑瓷茶具

黑瓷茶具始于晚唐，鼎盛于宋，延续于元，衰微于明、清，这是因为自宋代开始，饮茶方法已由唐时煎茶法逐渐改变为点茶法，而宋代流行的斗茶，又为黑瓷茶具的崛起创造了条件。宋代福建斗茶之风盛行。斗茶者们根据经验认为，建安窑所产的黑瓷茶盏用来斗茶最为适宜，因而驰名。

宋人衡量斗茶的效果，一看茶面汤花色泽和均匀度，以“鲜白”为先；二看汤花与茶盏相接处水痕的有无和出现的迟早，以“盏无水痕”为上。时任三司使给事中的蔡襄，在他的《茶录》中就说得很明白：“视其面色鲜白，著盏无水痕为绝佳。建安斗试，以水痕先者为负，耐久者为胜。”而黑瓷茶具，正如宋代祝穆在《方舆胜览》中说的“茶色白，入黑盏，其痕易验”。所以，宋代的黑瓷茶盏成了瓷器茶具中的最大品种。福建建窑、江西吉州窑、山西榆次窑等，都大量生产黑瓷茶具，成为黑瓷茶具的主要产地。黑瓷茶具的窑场中，建窑生产的“建盏”最为人称道。

蔡襄在《茶录》中这样说“建安所造者……最为要用。出他处者，或薄或色紫，皆不及也。”建盏配方独特，在烧制过程中使釉面呈现兔毫条纹、鹧鸪斑点、日曜斑点，一旦茶汤入盏，能放射出五彩纷呈的点点光辉，增加了斗茶的情趣。这种黑瓷兔毫茶盏，风格独特，古朴雅致，而且磁质厚重，保温性能较好，故为斗茶行家所珍爱。

其他瓷窑也竞相仿制，如四川省博物馆藏有一个黑瓷兔毫茶盏，就是四川广元窑所烧制，其造型、瓷质、釉色和兔毫纹与建瓷不差分毫，几可乱真。浙江余姚、德清一带也曾出产过漆黑光亮、美观实用的黑釉瓷茶具，最流行的是一种鸡头壶，即茶壶的嘴呈鸡头状。日本东京国立博物馆至今还存有一件，名叫“天鸡壶”，被视作珍宝。

4. 彩瓷茶具

彩色茶具的品种花色很多，其中尤以青花瓷茶具最引人注目。它的特点是花纹蓝白相映成趣，有赏心悦目之感；色彩淡雅幽菁可人，有华而不艳之力。加之彩料之上涂釉，显得滋润明亮，更平添了无限的魅力。

元代中后期，青花瓷茶具开始成批生产，特别是景德镇，成了我国青花瓷茶具的主要生产地。由于青花瓷茶具绘画工艺水平高，特别是将中国传统绘画技法运用在瓷器上，因此这也可以说是元代绘画的一大成就。明代景德镇生产的青花瓷茶具，诸如茶壶、茶盅、茶盏，花色品种越来越多，质量愈来愈精，无论是器形、造型、纹饰等都冠绝全国，成为其他生产青花茶具窑场模仿的对象。

到了清代，特别是康熙、雍正、乾隆时期，青花瓷茶具在古陶瓷发展史上又进入了一个历史高峰，它超越前朝，影响后代。特别是康熙年间烧制的青花瓷器具，史称“清代之最”。

综观明、清时期，由于制瓷技术提高，社会经济发展，对外出口扩大，以及饮茶方法改变，都促使青花茶具获得了迅猛的发展，当时除景德镇生产青花茶具外，较有影响的还有江西的吉安、乐平，广东的潮州、揭阳、博罗，云南的玉溪，四川的会理，福建的德化、安溪等地。此外，全国还有许多地方生产“土青花”茶具，在一定区域内，供民间饮茶使用。

三、紫砂茶具

紫砂茶具由陶器发展而成，是一种新质陶器。它始于宋代，盛于明清，流传至今。苏轼有诗云：“银瓶泻油浮蚁酒，紫碗莆粟盘龙茶”，表达了诗人对紫砂茶具的赏识和喜爱。但从确切有文字记载而言，紫砂茶具则创造于明代正德年间。

今天的紫砂茶具，是用江苏宜兴南部及其毗邻的浙江长兴北部埋藏的一种特殊陶土，即紫金泥烧制而成。这种陶土，含铁量大，有良好的可塑性，烧制温度以摄氏1150度左右为宜。优质的原料、天然的色泽，为烧制优良紫砂茶具奠定了物质基础。

宜兴紫砂茶具之所以受到茶人的钟情，除了这种茶具风格多样，造型多变，富含文化品位，以致在古代茶具世界中别具一格外，还与这种茶具的质地适合泡茶有关。后人称紫砂茶具有三大特点，“泡茶不走味，贮茶不变色，盛暑不易馊。”在紫砂壶上雕刻花鸟、山水和各体书法，始自晚明而盛于清朝嘉庆年间，并逐渐成为紫砂工艺中所独具的艺术装饰。不少著名的诗人、艺术家曾在紫砂壶上亲笔题诗刻字，《砂壶图考》曾记载郑板桥自制过一壶并亲笔刻诗云：“嘴尖肚大耳偏高，才免饥寒便自豪。量小不堪容大物，两三寸水起波涛”。

紫砂茶具经过历代茶人的不断创新，“方非一式，圆不相同”。一般认为，一件较好的紫砂茶具，必须具有三美，即造型美、制作美和功能美，三者兼备方称得上是一件完善之作。

紫砂茶具不仅为我国人民所喜爱，而且也为海外一些国家的人民所珍重。早在15世纪，日本、葡萄牙、荷兰、德国、英国的陶瓷工人就先后把中国的紫砂壶作为标本加以仿造。18世纪初，德国人约·佛·包特格尔不仅制成了紫砂陶，而且在1908年还写了一篇题为《朱砂瓷》的论文。20世纪初，紫砂陶曾在巴拿马、伦敦、巴黎的博览会上展出，并在1932年的芝加哥博览会上获奖，为中国陶瓷史增添了光彩。

四、漆器茶具

漆器茶具是采割天然漆树液汁进行炼制而成的，其中掺进了所需色料，制成绚丽夺目的器件，从而成为我国先祖创造发明之一。我国的漆器起源久远，在距今约7000年前的浙江余姚河姆渡文化中，就有可用来作为饮器的木胎漆碗。但尽管如此，作为供饮食用的漆器，包括漆器茶具在内，在很长的历史发展中，一直未曾形成规模生产。特别是自秦汉以后，有关漆器的文字记载就更少之又少，存世之物更是难觅。这种局面一直延续到清代，才又一次出现，主要产于福建福州一带。福州生产的漆器茶具多姿多彩，有“宝砂闪光”、“金丝玛瑙”、“釉变金丝”、“仿古瓷”、“雕填”、“高雕”和“嵌白银”等品种，特别是创造了红如宝石的“赤金砂”和“暗花”等新工艺后，更加鲜丽夺目，惹人喜爱。

脱胎漆茶具的制作精细而复杂，先要按照茶具的设计要求，做成木胎或泥胎模型，其上用夏布或绸料以漆裱上，再连上几道漆灰料，然后脱去模型，再经填灰、上漆、打磨、装饰等多道工序，最终才能成为一款古朴典雅的脱胎漆茶具。脱胎漆茶具通常是一把茶壶连同四只茶杯，存放在圆形或长方形的茶盘内，壶、杯、盘通常呈一色，多为黑色，也有黄棕、棕红、深绿等色，并融书画于一体，文化意蕴深长；且轻巧美观，色泽光亮，明镜照人；又不怕水浸，耐温、耐酸碱腐蚀。脱胎漆茶具除有实用价值外，还有很高的艺术欣赏价值，常为鉴赏家所收藏。

五、竹木茶具

隋唐以前，我国饮茶虽逐渐推广开来，但属粗放型饮茶。当时的饮茶器具，除陶瓷器外，多用竹木制作而成。陆羽在《茶经·四之器》中开列的28种茶具，多数是用竹木制作而成。这种茶具，来源广，制作方便，对茶无污染，对人体无害。因此自古至今一直受到茶人的欢迎。但缺点是不能长时间使用，无法长久保存，失去了其本身的文物价值。到了清代，在四川出现了一种竹

编茶具，既是一种工艺品，又富有实用价值，主要品种有茶杯、茶盅、茶托、茶壶、茶盘等，多为成套制作。

竹编茶具由内胎和外套组成，内胎多为陶瓷类饮茶器具，外

套用精选慈竹，二者均经劈、启、揉、匀等多道工序，制成粗细如发的柔软竹丝，再经烤色、染色，按茶具内胎形状、大小编织嵌合，使之成为整体如一的茶具。这种茶具不但色调和谐、美观大方，而且能保护内胎，减少损坏；同时，泡茶后不易烫手，并富含艺术欣赏价值。因此，多数人购置竹编茶具，不在其用，而重在摆设和收藏。

六、玻璃茶具

玻璃，古人称之为流璃或琉璃，实是一种有色半透明的矿物质。用这种材料制成的茶具，能给人以色泽鲜艳，光彩照人之感。我国的琉璃制作技术虽然起步较早，但直到唐代，随着中外文化交流的增多，西方琉璃器具的不断传入，我国才开始烧制琉璃茶具。陕西扶风法门寺地宫出土的由唐僖宗供奉的素面圈足淡黄色琉璃茶盏和素面淡黄色琉璃茶托，是地道的中国琉璃茶具，虽然造型原始、装饰简朴、质地显混、透明度低，但却表明我国的琉璃茶具唐代已经起步，在当时堪称珍贵之物。

近代，随着玻璃工业的崛起，玻璃茶具很快兴起。玻璃质地透明，光泽夺目，可塑性大，因此形态各异，用途广泛，加之价格低廉、购买方便，受到茶人广泛好评。用玻璃杯泡茶，可直接观赏到茶汤的鲜艳色泽、茶叶的细嫩柔软，还有在整个冲泡过程中茶叶的上下游动、叶片逐渐舒展等景象，简直是一种动态的艺术欣赏。特别是冲泡各类名茶，茶具晶莹剔透，杯中轻雾缥缈，澄清碧绿，芽叶朵朵，亭亭玉立，赏其形，品其味，别有风味在心头。不足的是，玻璃器具容易破碎，比陶瓷烫手。

七、搪瓷茶具

搪瓷茶具以坚固耐用、图案清新、轻便耐腐蚀而著称，相传起源于古代埃及，以后传入欧洲，但是现今使用的铸铁搪瓷多始于19世纪初的德国与奥地利。搪瓷工艺传入我国，大约是在元代时期。明代景泰年间（公元1450～1456年），我国创制了珐琅镶嵌工艺品景泰蓝茶具。清代乾隆年间（公元1736～1795年）景泰蓝从宫廷流向民间，可说是我国搪瓷工业的肇始。我国真正开始生产搪瓷茶具，是21世纪初的事，至今已有70多年的历史。在众多的搪瓷茶具中，可与瓷器媲美的仿瓷茶杯、有较强艺术感的网眼花茶杯、造型独特的鼓形茶杯和蝶形茶杯、携带方便的保温茶杯，以及加彩搪瓷茶盘等，受到不少茶人的欢迎。但搪瓷茶具传热快，易烫手，放在茶几上会烫坏桌面，加之“身价”较低，使用时受到一定限制，一般不做居家待客之用。

茶之艺

品茗轩

尝新茶

（北宋）曾巩

麦粒收来品绝伦，葵花制出样争新。

一杯永日醒双眼，草木英华信有神。

一、品茶论水

关于冲茶用水，古人七分讲究，认为山上的泉水最好、江水次之、井水最次。陆羽对煮水的沸度都十分讲究，认为煮沸程度如鱼目微有声，为一沸；边缘如涌泉连珠，为二沸；腾波鼓浪，为三沸。过了三沸，水就煮得过老，就不可以用来冲茶了。

古人认为水质的优劣直接影响着茶的品质好坏。水若不好，直接影响茶的色、香、味。在古人看来，杭州的“龙井茶，虎跑泉”是浙江茶水的双绝；闻名遐迩的“扬子江中水，蒙顶山上茶”堪称茶与水的最好搭档。名泉名水伴名茶，可谓相得益彰，美不胜收。除泉水与江水外，古人又极重视雪水，认为雪水是天泉。在自然界中，如果用来自天上的甘霖冲泡茶，自然有一种无可比拟的韵味。

用泉水、江水、雪水、雨水等来泡茶固然美妙，但由于受气候、地理条件等的限制，并不是随时都可获得。现代人泡茶主要还是用自来水，因其在净化消毒过程中用了氯化物，有时氯气过重，最好是在缸中贮存一晚后，再泡茶口感会更好。

天下名泉不胜其数，而“天下第一泉”之争，也没有绝对的定数。北京玉泉山的玉泉、山东济南趵突泉、江苏镇江中泠泉、江西九江庐山康王谷水帘水等，均在不同时代，被誉为“天下第一泉”。此四名泉也正是各有千秋，各具特色。

1. 玉泉——北京玉泉山

山下泉流似玉虹，清泠不与众泉同。
地连琼岛瀛洲近，源与蓬莱翠水通。
出润晓光斜映月，入潮春浪细含风。
迢迢终见归沧海，万物皆资润泽功。

——王英

玉泉，在北京西郊玉泉山东麓，那里风景怡人，适合休闲养生。

明代蒋一葵在《长安客话》中，对玉泉山水做了生动的描绘：“出万寿寺，渡溪更西十五里为玉泉山，山以泉名。泉出石罅间，诸而为池，广三丈许，名玉泉池，池内如明珠万斗，拥起不绝，知为源也。水色清而碧，细石流沙，绿藻翠荇，一一可辨。

池东跨小桥，水经桥下流入西湖，为京师八景之一，曰‘玉泉垂虹’。”

玉泉，这一泓天下名泉，它的名字也同天下诸多名泉佳水一样，往往同古代帝君品茗鉴泉紧密联系在一起。清朝康熙年间，在玉泉山之阳建澄心园，后更名曰“静明园”。玉泉即在该园中，自清初起即为宫廷帝后茗饮御用泉水。

清朝乾隆皇帝是一嗜茶者，更是一位品泉名家。在古代帝君之中，尝遍天下名茶者不乏其人，但实地品鉴天下名泉的，只有乾隆一人。他对天下诸名泉佳水，曾做过深入的研究和品评，并有他独到的品鉴方法。对水质轻重，特别好茶的乾隆皇帝别有一番见解，他曾游历南北名山大川，每次出行常令人特制银质小斗，严格称量每斗水的不同重量，以轻者为上。北京玉泉山的玉泉，传说就是乾隆皇帝命人收集全国名泉水样，用特制的银斗进行称量的方法与玉泉水进行比较，结果玉泉水最轻，所含杂质最少，水质量佳，故而又称“天下第一泉”。乾隆在《玉泉山天下第一泉记》说：“则凡出于山下，而有冽者，诚无过京师之玉泉，故定为天下第一泉。”现在，玉泉成为著名的疗养所在地。

2. 趵突泉——山东济南

云雾润蒸华不注

波涛声震大明湖

——赵孟頫

趵突泉，又名瀑流或槛泉，宋代开始称为“趵突泉”。在山东济南市西门桥南趵突泉公园内。一向有泉城之誉的济南，有趵突泉、黑虎泉、珍珠泉、五龙潭四大泉群，而趵突泉为七十二泉之冠，也是我国北方最负盛名的大泉之一。为古泺水发源地，据《春秋》记载，公元前694年，鲁桓公“会齐侯于泺”，即在此地。趵突泉，是自地下岩溶溶洞的裂缝中涌出，三窟并发，浪花四溅，声若隐雷，势如鼎沸，平均流量为1600公升/秒。北魏地理学家郦道元《水经注》有云：“泉源上奋，水涌若轮。”泉池略成方形，面积亩许，周砌石栏，池内清泉三股，昼夜喷涌，状如白雪三堆，冬夏如一，蔚为奇观。由于池水澄碧，清醇甘冽，烹茶最为相宜。宋代曾巩有“润泽春茶味更真”之句。清代乾隆皇帝封它为“天下第一泉”。

在泉池之北有泺源堂，始建于宋，清代重建。在后院壁上嵌有明、清以来咏泉石刻若干。西南有明代“观澜亭”，中立“趵突泉”，“观澜”、“第一泉”等明、清石碑，池东有来鹤桥，桥东大片散泉亦汇注成池，在水上建有“望鹤亭”茶厅。古往今来，凡来济南的人无不领略一番那“家家泉水，户户垂杨”、“四面荷花三面柳，一城山色半城湖”的泉城绮丽风光。而清朝乾隆末年，时任山东按察使的石韫玉在《济南趵突泉联》语中，则更把趵突泉等名泉胜水，描绘成天上人间的灵泉福地，飞泉流云，一派仙乐清音，令人感到有些神奇虚幻。只有灵犀相通，才能领略那半是人间半是天上、似真似幻的奇妙意韵。

3. 中泠泉——江苏镇江

男儿斩却楼兰首

闲品茶经拜羽仙

——文天祥

金山，位于江苏镇江市西北，长江南岸。“扬子江中水，蒙山顶上茶。”“江中水”就是镇江金山以西塔影湖畔的中泠泉。新中国成立后，金山山麓辟为金山公园，在金山公园西一里处，即是古今闻名的中泠泉，亦称扬子江南零水。用中泠泉水沏茶，茶味清香甘冽。据唐代张又新《煎茶水记》载，品泉家刘伯刍对若干名泉佳水进行品鉴，较水宜于茶者凡七等，而中泠泉被评为第一，故素有“天下第一泉”之美誉，自唐迄今，其盛名不衰。

古往今来，人们为什么如此极欲一品中泠泉水呢？是因为真正的中泠泉水是极为难得的。该泉水原来在波涛汹涌的江心，汲取极不容易。《金山志》记载：“中泠泉，在金山之西，石弹山下，当波涛最险处。”由于这些原因，它被蒙上一层神秘的色彩。据说，古人汲水要在一定的时间，即“子午二辰”（即上午 11 时至下午 1 时；夜间 23 时至凌晨 1 时），还要用特殊的器具——铜瓶或铜葫芦，绳子要有一定的长度，垂入石窟之中，才能得到真泉水，若浅若深或移位于先后，稍不如法，即非中泠泉真味了。难怪当年南宋诗人陆游游览此泉时，曾留下“铜瓶愁汲中濡水，不见茶山九十翁”的诗句。

南宋民族英雄文天祥有咏泉诗曰：“扬子江心第一泉，南金来北铸文渊。男儿斩却楼兰首，闲品茶经拜羽仙。”古往今来，到镇江旅游的茶客在畅游了金山后，都会来此饮一杯天下第一香茶。

1980 年，日本招提寺森本长老护送鉴真大师塑像回扬州大明寺后，路过镇江，来中泠泉拜访，品尝了香茶后连声赞好，请金山寺僧允许他带一壶泉水，回日本供奉鉴真大师，以慰鉴真在天之灵。

由于长江江道北移，南岸江滩不断涨大，中泠泉到清朝末年已和陆地连成一片，泉眼完全露出地面。后人在泉眼四周砌成石栏方池，池南建亭，池北建楼。清代书法家王仁堪写了“天下第一泉”五个苍劲有力的大字，刻在石栏上，从而使这里成了镇江的一处名胜古迹。

4. 庐山康王谷水帘水——江西九江

飞天如玉帘，直下数千尺。

新月如镰钩，遥鼍挂空碧。

——赵子昂

江西九江庐山康王谷水帘水，又称三叠泉、三级泉，在庐山东谷会仙亭旁，共分三级，落差约120米。陆羽当年在游历名山大川、品鉴天下名泉佳水时，曾登临庐山，品评诸泉，由于观音桥东的“招隐泉”水色清碧，其味甘美，被其评为“天下第六泉”。同时，又将水帘水评为“天下第一名泉”，并为该泉题写了气势雄浑的联句：“泻从千仞石，寄逐九江船。”

据《桑记》记载，三叠泉之水“出自大月山下，由五老背东注焉。凡庐山之泉，多循崖而泻，乃三叠泉不循崖泻，由五老峰北崖口悬注大磐石上，袅袅而垂练，既激于石，则摧碎散落，蒙密纷纭，如雨如雾，喷洒二级大磐石上，汇成洪流，下注龙潭，轰轰万人鼓也。”若站在观山之上，可见一缕天泉，垂直飞泻而下，落在大磐石上，发出洪钟般的响声，泉山经过折叠散而复聚，再曲折回绕往下泻，谷风吹来，如冰绢飘于空中，好似万斗明珠随风散落在阳光下，五光十色、晶莹夺目，蔚为壮观。

康王谷水帘泉自从被陆羽品评为“天下第一名泉”之后，曾名盛一时，为嗜茶品泉者推崇乐道。宋时精通茶道的品茗高手苏轼、陆游等都品鉴过帘泉之水，并留下了品泉诗章。苏轼《元翰少卿惠谷帘水一器，龙团二枚，仍以新诗为贶，叹味不已，次韵奉和》诗曰：“岩垂匹练千丝落，雷起双龙万物春。此山此水俱第一，共成三人鉴中人。”苏轼还在其另一篇咏茶词中称赞：“谷帘自古珍泉。”陆游也曾到庐山汲取帘泉之水烹茶，他在《试茶》诗中有“日铸焙香怀旧隐，谷帘试水忆西游”之句，并在《入蜀记》写道：“谷帘水……真绝品也。甘腴清冷，具备众美，非惠山所及。”

二、冲泡技艺

当有了好茶、好水后，冲泡茶的方法是否得当也很重要。如同外国人的煮咖啡，调理得当就会得到一杯香味浓郁醇厚的咖啡，煮茶、泡茶也是如此。关于煮茶，古人最看重的是水煮的老嫩，讲究水的温度，水过分老则不可食。宋朝蔡襄在其《茶录》中这样写道：“候汤最难，未熟则沫浮，过熟则茶沉，前世谓之蟹眼者，过熟汤也。沉瓶中煮之不可辨，故曰候汤最难。”这里实际上讲的是煮茶的水温，即时间要得当。

古人调制茶汤，不同于现在。在六朝以前，往往把茶饼或茶团研碎后，调入水，加上佐料来煮，得到的是浓稠的汤汁。现在一般家庭饮茶，抓把茶叶放入茶壶中，一次注满水，只求止渴润喉。

1. 绿茶的冲泡技艺

绿茶是中国产茶区域最广泛的茶类，全国各产茶省均有生产。正因为如此，在中国，无论是城镇、还是乡村，都有大量的饮者品饮绿茶。

选具：大凡高档细嫩名绿茶，一般选用玻璃杯或白瓷杯饮茶，而且无需用盖，这样一则增加透明度，便于人们赏茶观姿；二则以防嫩茶泡熟，失去鲜嫩色泽和清鲜滋味。至于普通绿茶，因无需欣赏茶趣，而重在解渴谈心或佐食点心，因此也可选用茶壶，这叫做“嫩茶杯泡，老茶壶泡”。

洁具：将选好的茶具用开水一一冲泡洗净，以添饮茶情趣。

观茶：对细嫩名优绿茶，在泡饮之前，通常要进行观茶。观茶时，先取一杯之量的干茶，置于白纸上，让品饮者先欣赏干茶的色、形，再闻一下香，充分领略名优绿茶的天然风韵。对普通大宗绿茶，一般可免去观茶这一程序。

泡茶：对名优绿茶的冲泡，一般视茶的松紧程度，采用两种方法冲泡：一是上投法，它适用于外形紧结的高档名优绿茶，诸如西湖龙井、洞庭碧螺春、蒙顶甘露、径山茶、庐山云雾、涌溪火青、苍山雪绿等等，即先将摄氏75～85度的沸水冲入杯中，然后取茶投入，茶叶便会徐徐下沉。二是，对条索比较松散的高档名优绿茶，一般采用中投法，即先置茶，后冲入沸水。至于普通大众茶，当然是先置茶后冲水了。

赏茶：这是针对高档名优绿茶而言的，在冲泡茶的过程中，品饮者可以看茶的展姿、茶汤的变化、茶烟的弥散，以及最终茶与汤的成像，以领略茶的天然风姿。

饮茶：饮茶前，一般多以闻香为先导，再品茶啜味，以品尝茶的真味。

绿茶冲泡，一般以2~3次为宜。若需再饮，那么，得重新冲泡才是。

2. 红茶的冲泡技艺

红茶饮用广泛，这与红茶的品质特点有关。如按花色品种而言，有工夫饮法和快速饮法之分；按调味方式而言，有清饮法和调饮法之分；按茶汤浸出方式而言，有冲泡法和煮饮法之分。但不论何种方法，多数都选用茶杯冲（调）饮，只有少数用壶的，如冲泡红碎茶或片、末茶。

置具洁器：一般说来，饮红茶前，不论采用何种饮法，都得先准备好茶具，如煮水的壶，盛茶的杯或盏等。同时，还需用洁净的水加以清洗，以免污染。

量茶入杯：通常结合需要，每杯只放入3~5克的红茶或1~2包袋泡茶。若用壶煮，则另行按茶和水的比例量茶入壶。

烹水沏茶：当量茶入杯后，就冲入沸水。如果是高档红茶，以选用白瓷杯为宜，以便察颜观色，通常冲水至八分满为止。如果用壶煮，应先将水煮沸，而后放茶配料。

闻香观色：红茶经冲泡，通常经3分钟后，即可先闻其香，再观察汤色。这种做法，在品饮高档红茶时尤为时尚。至于低档茶，一般很少有闻香观色的。

品饮尝味：待茶汤冷热适口时，即可举杯品味。尤其是饮高档红茶，饮茶人需在品字上下功夫，缓缓啜饮、细细品味，在徐徐体察和欣赏之中，品出红茶的醇味，领会饮红茶的真趣，获得

精神的升华。

如果品饮的红茶属条形茶，一般可冲泡2～3次。如果是红碎茶，通常只冲泡一次，第二次再冲泡，滋味就显得淡薄了。

3. 乌龙茶的冲泡技艺

乌龙茶具有红茶之甘醇、绿茶之鲜爽和花茶之芳香，深受百姓的喜爱。品饮乌龙茶不仅可以生津止渴，而且是一种艺术享受。因此必须讲究乌龙茶泡饮技艺的三要素，即泡茶用水、泡茶器具和泡饮技艺，并掌握“水以石泉为佳，炉以炭火为妙，茶具以小为上”的原则。

泡茶用水：自古以来，善于饮茶的人，都把名茶与好水摆在同等重要的位置，二者的关系犹如红花与绿叶。名贵的茶叶，没有甘美的水来冲泡，就难以发挥出独特的香、味。所以宋代王安石有“水甘茶串香”之句，李中也有“泉美茶香异”之说。

《茶经》论水，称“山水上，江水中，井水下”，颇有道理。一般说来，山泉水、雨雪水为“软水”，河水、井水、自来水为“硬水”，如能取泉水、溪水等流动的天然“软水”来泡茶是最为理想的。其次，没有污染的井水、自来水也可以泡茶。总之，泡茶用水要求水源没有病原体污染，没有工业污染，水的感官性状良好，即无色、无臭、透明、无异味、无悬浮物，舌尝有清凉甜润的感觉，水的 pH 值为7，煮沸后永久硬度不超过 8 度，这样的水才适用于泡茶。

泡茶器具：名茶与茶具总是珠联璧合。范仲淹的“黄金碾畔绿尘飞，碧玉瓯中翠涛起”，梅尧臣的“小石冷泉留翠味，紫泥新品泛春华”，都是赞誉茶具的珍奇来烘托佳茗的优美。历史上品饮乌龙茶的茶具十分考究，备有一套小巧精致的茶具，称为“茶房四宝”，即潮汕炉——广东潮州、汕头出产的陶瓷风炉或白铁皮风炉；玉书喂——扁形薄瓷的开水壶，容水量约 250mL；孟臣罐——江苏宜兴产的用紫砂制成的小茶壶，容水量约 50mL；若琛瓯——江西景德镇产的白色小瓷杯，一套四只，每只容水量约 5mL。当今泡饮乌龙茶的茶具仍然脱离不了这“茶房四宝”，只是有所变化，变得更趋实用化、方便化了。目前普遍使用的“茶房四宝”有小电炉、钢质开水壶（电炉与开水壶配套称为“随手泡”）、钢质茶盘（或塑料茶盘）、白瓷盖碗（钟形，高 5. 5cm、口径 8. 2cm、底径 4. 5cm，这种盖碗放茶叶、嗅香气、冲开水、倒茶渣都很方便）和小茶杯，这样才具备泡饮乌龙茶的条件。

泡饮技艺：乌龙茶泡饮具有独特的技艺，在泡饮的过程中也别有一番情趣，其泡饮技艺共有八道程序。首先烧开水，水温以“一沸水”（即刚滚开的水）为宜，此道程序称之“山泉初沸”。水烧开后，要把盖碗（或茶壶）、茶杯淋洗一遍，这样既卫生又能加温，此称“白鹤沐浴”。然后把乌龙茶放入盖碗（或茶壶）里，称之“乌龙入宫”，用茶量，盖碗为5～10克，茶壶视大小而定，小茶壶约占茶壶容量的四五分，中茶壶约占三四分，大茶壶约占二三分。接着提起开水壶，自高处往盖碗或茶壶口边冲入，称之“悬壶高冲”，使碗（壶）里茶叶旋转，促使茶叶露香。开水冲满后，立即盖上碗（壶）盖，稍候片刻，用碗（壶）盖轻轻刮去漂浮的白泡沫，使茶叶清新洁净，称之“春风拂面”。

泡一二分钟后（泡的时间要适当。太短，色香味出不来，太长，会产生苦涩味），用拇、中两指紧夹盖碗，食指压住碗盖，把茶水依次巡回斟入并列的小茶杯中，称之“关公巡城”。斟茶时应低行，以免散香失味，在斟到最后碗底的最浓部分，要均匀地一点一点滴到各茶杯里，既达到浓淡均匀、香醇一致，也蕴含主人的深情厚谊，此道程序称之“韩信点兵”。

4. 白茶的冲泡技艺

白茶有针型的白毫银针和朵型的白牡丹，白茶的冲泡方法与用具的选择参照绿茶。但水温要求偏低，一般掌握在70～80度之间，冲泡时间延长至8～10分钟。

5. 黄茶的冲泡技艺

黄茶的品质风格是“黄汤黄叶，香醇味甘”，其造型有扁、圆（颗粒）、条、针、曲（卷）、朵型，冲泡方法根据造型参照绿茶。

6. 黑茶的冲泡技艺

黑茶除少量为条型外，大多数是块型，形状有方形、砖形、圆饼形、柱形、心形等，都是由毛茶精制蒸压而成。块型茶蒸压紧实，用普通冲泡法即开水冲泡难以浸出茶汁，饮用时必须将块型茶捣碎，放入锅中烹煮约 10～15 分钟，并不断搅拌，使茶汁浸出，然后加入佐料。由于饮用的地区不同，民族不同，习俗不同，所加佐料也各不相同，如藏族同胞习惯加酥油和盐巴，制成酥油茶；蒙古族喜用奶子和食盐制成咸奶茶；新疆维吾尔族则在茶中加入桂皮、丁香、胡椒等佐料，调成香茶。总之，块型茶是茶类中较为独特的一种，其饮用也是我国少数民族中所特有的。

7. 花茶的冲泡技艺

花茶融茶叶之味，鲜花之香于一体，饮花茶犹如品赏一件茶的艺术品。花茶的品种很多，其中以茉莉花茶最为常见。泡饮花茶，有不少人喜欢先欣赏一下花茶的外形，通常取出冲泡一杯的花茶数量，摊于洁白的纸上，饮者先观察一下花茶的外形，干闻一下花茶的香气以添对花茶的情趣。花茶的泡饮方法，以能维持香气不致无效散失和显示特质美为原则，这些都应在冲泡时加以注意。

备具：一般品饮花茶的茶具，选用的是白色的有盖瓷杯或盖碗（配有茶碗、碗盖和茶托），如冲泡茶胚是特别细嫩的花茶，为提高艺术欣赏价值，也有采用透明玻璃杯的。

烫盏：就是将茶盏置于茶盘，用沸水高冲茶盏、茶托，再将盖浸入盛沸水的茶盏转动，尔后去水，这个过程的主要目的在于清洁茶具。

置茶：用竹匙轻轻将花茶从贮茶罐中取出，按需分别置入茶盏。用量结合各人的口味按需增减。

冲泡：向茶盏冲入沸水，通常宜提高茶壶，使壶口沸水从高处落下，促使茶盏内茶叶滚动，以利浸泡。一般冲水至八分满为止，冲后立即加盖，以保茶香。

闻香：花茶经冲泡静置3分钟后，即可提起茶盏，揭开杯盖一侧，用鼻闻香，顿觉芬芳扑鼻而来。有兴趣者，还可凑着香气做深呼吸状，以充分领略香气对人的愉悦之感，人称“鼻品”。

品饮：经闻香后，待茶汤稍凉适口时，小口喝入，并将茶汤在口中稍时停留，以口吸气、鼻呼气相配合的动作，使茶汤在舌面上往返流动1～2次，充分与味蕾接触，品尝茶叶和香气后再咽下，这叫“口品”。所以民间对饮花茶有“一口为喝，三口为品”之说。

花茶一般可冲泡2～3次，接下去即使有茶味，也很难有花香之感了。

茶之道

品茗轩

汲江煎茶

（北宋）苏轼

活水还须活水烹，自临钓石汲深清；

大瓢贮月归春瓮，小杓分江入夜瓶。

雪乳已翻煎处脚，讼风忽作泻时声；

枯肠未易禁三椀，卧听山城长短更。

茶饮具有清新、雅逸的天然特性，可静心、静神，有助于陶冶情操、去除杂念、修炼身心，这与提倡“清静、恬淡”的东方哲学思想很合拍，也符合佛、道、儒的“内省修行”思想，因此我国历代社会名流、文人骚客、商贾官吏、佛道人士都以崇茶为荣，特别喜好在品茗中吟诗议事、调琴歌唱、弈棋作画，以追求高雅的享受。

茶道最早起源于中国，在唐或唐以前，就在世界上首先将茶饮作为一种修身养性之道。唐朝《封氏闻见记》中就有这样的记载："茶道大行，王公朝士无不饮者。"这是现存文献中对茶道的最早记载。"茶道"一词从使用以来，历代茶人都没有给它下过一个准确的定义。直到近年，对茶道见仁见智的解释才热闹起来。庄晚芳先生认为，茶道是一种通过饮茶的方式，对人民进行礼法教育、道德修养的一种仪式。他还归纳出中国茶道的基本精神为"廉、美、和、敬"。他解释说："廉俭育德、美真廉乐、和诚处世、敬爱为人。"陈香白先生认为，中国茶道包含茶艺、茶德、茶礼、茶理、茶情、茶学说、茶道引导七种义理。中国茶道精神的核心是和，此理论可简称为"七艺一心"。周作人先生对茶道的理解为："茶道的意思，用平凡的话来说，可以称作忙里偷闲，苦中作乐，在不完全的现实中享受一点美与和谐，在刹那间体会永久。"

其实，给茶道下定义是件费力不讨好的事。茶道文化的本身特点正像老子所说："道可道，非常道。名可名，非常名。"同时佛教也认为，"道由心悟"，如果一定要给茶道下一个定义，茶道作为一个固定的、僵化的概念，反倒失去了茶道的神秘感，同时也限制了茶人的想象力，淡化了通过用心灵去悟道时产生的玄妙感觉。茶道如月，人心如江，在各个茶人的心中对茶道自有不同的美妙感觉。

一、贵族茶道

贵族茶道由贡茶演化而来。达官贵人、富商大贾、豪门乡绅于茶、水、火、器无不借权力和金钱求其极，很违情违理，其用心在于炫耀权力和富有。源于明清的潮闽工夫茶即贵族茶道，发展至今日逐渐大众化。茶虽为洁品，但当它的功能被人们所认识，被列为贡品时，首先享用它的自然是皇帝、皇妃，再推及皇室成员，再是达官贵人。

茶被列为贡品的记载最早见于晋代常据著的《华阳国志·巴志》，周武王姬发联合当时居住川、陕、部一带的庸、蜀、羡、苗、微、卢、彭、消几个方国共同伐纣，凯旋后，巴蜀之地所产的茶叶便正式列为朝廷贡品。此事发生在公元前1135年，离今有3000年之久。列为贡品从客观上讲是抬高了茶叶作为饮品的身价，推动了茶叶生产的大发展，刺激了茶叶的科学研究，形成了一大批名茶。中国古代社会是皇权社会，皇家的好恶最能影响全社会习俗。贡茶制度确立了茶叶的“国饮地位”，也确立了中国是世界产茶、饮茶大国的地位，还确立了中国茶道的地位。但茶一旦进入宫廷，也便失去了质朴的品格和济世活人的德行。当此时，为了贡茶，男废耕，女废织，夜不得息，昼不得停。茶之灵魂被扭曲，陆羽所创立的茶道被强奸，生出一个畸形的贵族茶道。茶被装金饰银，脱尽了质朴，茶成了坑民之物，不再济世活人。达官贵人借茶显示等级秩序，夸示皇家气派。

贵族们不仅讲“精条”，也讲“真水”。为此，乾隆皇帝亲自参与“孰是天下第一泉”的争论，用“称水法”一锤定音，钦定北京玉泉水为天下第一泉。为求“真水”又不知耗费多少民脂民膏。相传，唐朝宰相李德裕爱用惠泉水煎茶，便令人用坛封装。从无锡到长安“铺递”，奔波数千里，劳民伤财。此后因一云游和尚点化，指其弊端，才“人不告劳，浮位乃洱”。贵族茶道的茶人是达官贵人、富商大贾、豪门乡绅之流的人物，不必诗词歌赋、琴棋书画，但一要贵，有地位；二要富，有万贯家私。于茶艺四要“精茶、真水、活火、妙器”无不求其“高品位”，用“权力”和“金钱”以达到夸示富贵之目的，似乎不如此便有损“皇权至上”。贵族茶道有很多违情背理的地方，但因为有深刻的文化背景，这一茶道成为重要流派香火绵延，不得不承认其存在价值。作为茶道，应有一定的仪式或程序。贵族茶道走出宫门，在较为广泛的上层社会流传，其富贵主要体现在程序上；其变种即源于明清至今仍在流传的闽潮功夫茶。

二、雅士茶道

古代的“士”有机会得到名茶，有条件品茗，最先培养起对茶的精细感觉，茶助文思，又最先体会茶之神韵，是他们雅化茶事并创立了雅士茶道。受其影响，此后相继形成茶道各流派，“中国古代的士和茶有不解之缘”。可以说，没有古代的士便无中国茶道。

中国的“士”就是知识分子。士在中国要有所作为就得“入仕”。荣登金榜则成龙成凤，名落孙山则如同草芥。中国文人嗜茶者在魏晋之前不多，诗文中涉及茶事的汉有司马相如，晋有张载、左思、郭璞、张华、杜育，南北朝有鲍令晖、刘孝绰、陶弘景等，人数寥寥，且懂品饮者只三五人而已。但唐以后凡著名文人不嗜茶者几乎没有，不仅品饮，还咏之以诗。唐代写茶诗最多的是白居易、皮日休、杜牧，还有李白、杜甫、陆羽、卢仝、孟浩然、刘禹锡、陆龟蒙等；宋代写茶诗最多的是梅尧臣、苏轼、陆游，还有欧阳修、蔡襄、苏辙、黄庭坚、秦观、杨万里、范成大等。原因是魏晋之前文人多以酒为友，如魏晋名士“竹林七贤”中山涛有八斗之量，刘伶更是拼命喝酒，“常乘一鹿车，携酒一壶，使人荷锸随之，云：‘死便掘地以埋’”。唐以后知识界颇不赞同魏晋的所谓名士风度。一改“狂放啸傲、栖隐山林、向道慕仙”的文人作风，人人有“入仕”之想，希望一展所学、留名千秋。文人作风变得冷静、务实，以茶代酒便蔚为时尚。这一转变有其深刻的社会原因和文化背景，历史的发展把中国文人推到担任茶道主角的位置。

茶助文思，兴起了品茶文学、品水文学，还有茶文、茶学、茶画、茶歌、茶戏等；又相辅相成，使饮茶升华为精神享受，并进而形成中国茶道。

文人的参与使饮茶成为一门艺术，成为文化。文人又将这门特殊的艺能与文化、修养、教化紧密结合从而形成雅士茶道。受其影响，又形成其他几个流派。所以说是中国的“士”创造了中国茶道，原因即在此。

三、禅宗茶道

僧人饮茶历史悠久，因茶有“三德”，利于丛林修持，由“茶之德”生发出禅宗茶道。僧人种茶、制茶、饮茶并研制名茶，为中国茶叶生产的发展、茶学的发展、茶道的形成立下不世之功劳。日本茶道基本上归属禅宗茶道，虽源于中国但青出于蓝而胜于蓝。

明代乐纯著《雪庵清史》并列居士“清课”者有“焚香、煮茗、习静、寻僧、奉佛、参禅、说法、做佛事、翻经、忏悔、放生……”“煮茗”居第二，竟列于“奉佛”、“参禅”之前，这足以证明“茶佛一味”的说法千真万确。

壶居士《食论》中说：“苦茶，久食羽化，与韭同食，令人体重。”

长期喝茶可以“羽化”，大概就是唐代卢仝所说的“六碗通仙灵，七碗吃不得，惟觉两腋习习清风生”。与韭菜同食，能使人肢体沉重，是否真如此，尚无人验证。作者壶居士显是化名，以“居士”相称定与佛门有缘。僧人饮茶已成传统，茶神出寺门便不足为怪。

古代多数名茶都与佛门有关，如有名的西湖龙井茶，陆羽《茶经》说：“杭州钱塘天竺、灵隐二寺产茶。”宋代，天竺出的香杯茶、白云茶列为贡茶。乾隆皇帝下江南在狮峰胡公庙品饮龙井茶，封庙前18棵茶树为御茶。见之于文字记载的产茶寺庙有扬州禅智寺、蒙山智炬寺、苏州虎丘寺、丹阳观音寺、扬州大名寺和白塔寺、杭州灵隐寺、福州鼓山寺、雁荡山天台寺、泉州清源寺、衡山南岳寺、西山白云寺、建安能仁院、南京栖霞寺、长兴顾清吉祥寺、丹徒招隐寺、江西宜慧县普利寺、岳阳白鹤寺、黄山松谷庵、吊桥庵和云谷寺、东山洞庭寺、杭州龙井寺、徽州松萝庵、武夷天心观等等。中国茶的发现、培植、传播和名茶的研制，佛门僧人立下不世之功。

四、世俗茶道

茶叶进入家庭，便有家居茶事。清代查为仁《莲坡诗话》中有一首诗：“书画琴棋诗酒花，当年件件不离它。而今七事都更变，柴米油盐酱醋茶。”

茶已是当今百姓家庭之必备品。客来煎茶，联络感情；家人共饮，同享天伦之乐，茶中有温馨。茶道进入家庭贵在随意随心，茶不必精，量家之有；水不必贵，以法为上；器不必妙，宜茶为佳。富贵之家，茶事务求精妙，可夸示富贵、夸示高雅，不足为怪；小康之家不敢攀比，法乎其中；平民家庭纵粗茶陶缶，只要烹饮得法，亦可得其趣。茶不孤傲怪僻，是能伸能屈的木中大丈夫。

当今社会，生活节奏加快，市面出现了速溶茶、袋泡茶。城市里最便民的还是小茶馆，饮大碗茶，花钱少，省事，是最经济实惠的饮料。小茶馆和卖大碗茶的增多，使饮茶的富贵风雅黯然失色。

茶之馆舍

追随着现代人向往返璞归真、追求闲适自然的心态，历史悠久的茶文化又格外受到都市人的青睐。眼下，各种各样的茶馆、茶社、茶轩、茶坊、茶座、茶楼、茶园、茶廊、茶苑、茶肆、茶庭、茶室、茶铺……星星点点地点缀在都市的大街小巷里。走进这些各具特色的茶馆，人们在品茶的同时，更多的是在品味一座城市的风情和韵味，这赋予了新茶馆更多的文化内涵。

一、北京茶馆

历史上北京曾是清朝的政治中心，茶馆集中、品级俱全。

许多皇亲王室、官僚贵族、八旗子弟成天泡在茶馆里，清代北京的茶馆史是清朝历史的缩影。军阀、民国时代，北京茶馆是政客官僚出入的地方。茶馆大多供应香片花茶、红茶和绿茶，茶具大多是古朴的盖碗、茶杯。

每个地区的文化都有自己的区域特征。就茶馆而言，全国各地城市也是各有千秋。如果说四川茶馆以综合效用见长、苏杭茶馆以幽雅著称、广东茶楼主要与“食”相结合，那么北京茶馆则是集各地之大成，以种类繁多、功用齐全、文化内涵丰富和深厚

为特点。

茶馆备有象棋、谜语等供茶客消遣娱乐。规模较大的还建有戏台，下午和晚上有京剧、评书、大鼓等曲艺演出。许多演员最初都是从茶馆唱出名气来的。清朝末年，北京的“书茶馆”达60多家。

北京的茶馆曾经衰落过一段时期，由于茶文化的再次兴起，现在北京的茶艺馆发展到170多家，大体上分为三种：第一种是传统茶馆，例如老舍茶馆、湖广会馆茶楼、天桥乐茶园等，内设八仙桌椅、盖碗花茶等，真正地体现了茶俗和民俗相结合，体现了北京的地方特色；第二种是现代风格的，例如五福茶艺馆，它以小壶小碗、发酵乌龙茶为主要特征；第三种是综合风格，例如明慧茶院、百草园茶艺馆、小小茶艺馆等，装饰风格丰富多样。

此外，还有韩国茶道馆、日本茶道馆，颇具异域风情。

二、成都茶馆

成都人爱“摆”，闲下来喜欢聚在一起谈天说地，摆龙门阵。从某种意义上说这也成就了成都的茶馆文化。成都的茶馆，以及成都人饮茶的情调，堪称成都一景。据统计，成都现在的茶楼、茶馆有3000多家，从装修豪华的高档茶楼到路边的小茶馆应有尽有，消费从上百元到几元不等，生意都很不错。这在全国可是绝无仅有的。在一些地方，茶馆充其量是人们渴了需要喝水的地方，成都人却把它发展成一种娱乐休闲文化。成都的茶馆，四季生意兴隆。尤其节假日，大街小巷，河边柳下，公园里，寺庙中，名胜古迹旅游景点，茶馆、茶楼皆座无虚席、热闹非凡。年轻人坐茶馆多是同学、朋友小聚、聊聊天；老年人则是消遣、搓麻将、打桥牌、摆老龙门阵；中青年人则多谈天说地，无所不谈；退休干部、知识分子多是看书读报、谈时事、议学术。

川人爱饮浓茶，味烈香久，一盅茶可以喝半天，从清晨到中午，临走还吩咐：“把茶碗给我搁好，吃罢饭晌午我还来。”四川人口才好，脑子快，能言善辩，不论老友新知，一进茶馆皆是谈友，大事小事都能说个天方地圆，如云如雾。“信息交流站”是四川茶馆的第一项重要作用。

成都的茶馆多使用三件套，即茶碗、茶盖、茶船。也就是“盖碗茶”。盖碗茶为成都茶馆所独创，而茶碗、茶盖、茶船又寓意为“天盖之茶盖、地载之茶船、人育之茶碗”，它包容了蜀人朴素的人文思想。盖碗茶碗上加盖，既可保温，蒸发茶叶、加浓

茶味。卸下茶盖又可散热，使其温凉适宜。茶水须趁热而饮，方能沁脾、提神、清心。临时以茶船托起茶碗，擎而斜扣或半扣茶碗，从茶碗与茶盖缝隙间细吮茶水，不仅免使茶叶入口，又十分优雅惬意。盖碗茶，可以说真正是把饮茶艺术化了。像顺兴老茶馆，便是集民俗文化风情、名特茶品、民间小吃、川菜宴席、民俗婚宴、寿宴、传统休闲、戏曲为一体的最具老成都风情的知名茶馆。路边的小茶馆，则清一色的竹椅、竹凳、盖碗茶。有太阳的日子，要一碗大碗茶，或谈天说地，或看书读报，互不干扰，一坐就是一个下午，仿佛外面一切的喧嚣和匆忙都与自己无关。这就是属于成都的那份悠闲和安逸，这就是成都人享受生活的一种方式。

三、上海茶馆

在上海，最具上海地方特点的茶馆要算是老城隍庙一带，如老得意楼，楼下吃茶的多挑夫贩夫，门口有烧饼摊，基本是为劳动者歇息、解渴、解饿的；二楼吃茶兼听评书，更增加了文化气息；三楼供玩鸟者聚会，增加了些市中野趣。最幽雅的上海茶室是在与城隍庙比邻的豫园。这座传统的南方私人园林，虽不及苏州，却也千曲百折，幽雅动人，内中几处茶室，临近伴竹，红肥绿瘦，十分雅致。上海目前各类茶馆有 3000 家之多，已连续 10 年举办国际茶文化节。虽然国际茶文化节只是在江南一带茶人中有些影响，但上海茶馆追求“文化”，相信一定比别处更执着。在上海，有的茶馆是展馆，展示着主人的收藏；有的是沙龙，开办各种专题讲座；还有的则是画廊，聚集起一帮志同道合者，自有一番情趣在其中。

上海在老城隍庙有一条仿古的“上海老街”。街上有家茶馆，当街开门处砌着一个烧开水的大锅灶，这就是当年上海滩上常见的旧式茶馆——“老虎灶”。过去，在这类简陋的茶馆里，一般只有一个方桌、四条长板凳，街坊四邻可以捧着自己的茶壶，在这里边拉家常边喝茶，一坐就是大半天。也常有人提着暖水瓶来这里打水，回家泡茶洗脸。如今的“老虎灶”，虽然外观依旧，但内里却与旧时大不一样了。走进“老虎灶”，只见墙上张贴着旧时的月历牌，墙角摆放着老式的留声机、电风扇，另一角置放着几件丝竹乐器，定时有人演奏乐曲。屋里还置有文房四宝，茶客如有兴致，还可以在这里即兴挥洒笔墨。旧时的“老虎灶”，如今已成为时尚之地。

四、天津茶园

天津是金元以后由于运河与海槽的需要而形成的城市，近代以来是北京的重要工商都会。其地近京师，也学习了北京茶馆文化的一些内容，但其主要特点还是服务于工商和一般市民。天津茶馆也叫茶楼、茶社。除正式茶馆外，集体饮茶之地在旧中国还有澡堂、剧院、饭庄、茶饮摊位。

时下，天津繁华闹市里，已有许多家档次高低不同的茶园，天津人十分青睐这种大众化的休闲娱乐场所。天津的茶园有着天津卫的地方特色，很像是旧时的戏园子。茶园大门上虽然高挂“茶”字招牌，但茶园里茶水却并不“唱主角”。津门茶园与众不同之处在于：茶园里的茶只赠不卖。来茶园的茶客也并非专门来品茶的，而是主要为看戏而来，是在观看戏曲、曲艺时顺便品茗而已。“三德轩”茶楼，早晨是工匠喝茶找事做的时间，中午则添唱评书大鼓。“东来轩”茶楼，早茶多是厨师，晚茶则赏与票友联谊清唱。

天津最大的茶园——中华曲艺苑，每个月末都能请到几位国家一级演员。每个茶园都有自己专门演出的剧种，分别专演京剧、评剧、河北梆子、曲艺等，各自特色十分鲜明。与眼下歌舞厅、影剧院等娱乐场所不大景气的情况相比，天津茶园显得异常热闹，上座率普遍在八成以上，每逢节假日则会场场爆满。津门茶园不仅吸引了众多的天津人，也正在吸引着越来越多的河北人和北京人。

五、广州茶楼

广州人嗜好饮茶是早已闻名于世的。近几年来，各种类型的茶楼、茶艺馆更是如雨后春笋，应运而生，遍布羊城的闹市小巷。

广州的茶楼不同于一般的茶馆，其建筑规模宏大，富丽堂皇，不但供应茶水，而且还提供各式各样的点心。这是因为广州人不仅嗜饮茶，而且对茶点也非常讲究。如今的广州，已从饮早茶发展到早、午、晚茶市。称谓也从“饮茶”“斗茶”“品茶”，发展为“叹茶”。“叹”是广州的俗语，即享受的意思。饮茶方式各异，既可以二人世界，边吃边聊；也可以亲朋好友，逢节相聚；或十几个朋友聚在一起，狂欢也可。

饮茶对于广州人来说，不仅仅是物质消费，还是一种精神享受。

广州茶楼文化具有丰富的精神内涵。广州人饮茶之意并不完全在茶内，饮茶的过程同时也是心理自我调节过程。老年人三三两两地闲话家常，年轻人则一边“医肚”（即填饱肚子之意），一边海阔天空地随意交谈。除了饮食和娱乐消遣的功能外，广州茶楼的兴旺还有着商业交往的需要，茶楼渐渐成了“信息茶座”。越来越多的生意人选择在这里交流信息、洽谈生意、联络感情。

广东乡间的小茶馆，傍河而建，小巧玲珑。或是水榭式，或是竹茶居，树皮编墙，八面临风。虽然也是大味茶、蒸烧麦等小吃，但却更多了一些乡野情趣。早茶，在河上茶居看朝日晨雾；午茶，看过往船只扬帆摇橹；晚茶，看玉兔东升，水浸月色。比较之下，这比大城市的茶楼好像更多了一些自然的韵味。

六、苏杭茶室

茶，是杭州一张金灿灿的“名片”，品茶也成了杭州人日常生活的一部分。杭州茶文化则体现了杭州人日常生活的艺术化。在杭州，各种茶室一般集典雅、古朴于一身，之所以叫“茶室”，是别有意境的，一个“室”字，既可以是文人的书室，又可以是佛道的净室。可配以杭扇、竹雕、刘公小像等卖工艺品的小卖部，也可以卖茶兼冲西湖藕粉，但总离不开雅洁、清幽的意境。如果你亲到杭城，步寻茶室，到得云栖参天的禾林，林间石径，山间云雾和路旁卖鲜茶的大嫂，自然使你明白为什么茶人喜欢伴以竹林松风。那种幽隐的韵律，你在其他城市的茶馆绝难体味。

当前杭州城里挂牌茶楼达 150 多家，加上宾馆饭店的茶楼、茶室，全市共有 300 多家，而营业面积在 2000 至 4000 平方米的茶楼就有青藤、太极、湖畔居、蓝宝等六家。这些茶楼遍布在西子湖畔、风景区和大街小巷，情调各异，品位高雅，档次不同，满足了多层次消费者的需求。

位于湖滨六公园与圣塘景区的湖畔居茶楼临湖依城，在水一方。茶楼号称“品天下好茶，赏西湖美景”。在湖畔居或临窗，或露台，或一杯龙井，或一壶乌龙，美景、茶香美不胜收。尤其登临三层，各具风格的濒湖茶楼，湖光山色尽收眼底。难怪金庸先生到茶楼喝茶后，留下了“湖畔品龙井，人在天上行”的感叹。

苏州的园林闻名天下。苏州的许多茶馆，就星星点点地散布在这众多的园林内，尤其是那些已经经营了数十年的老茶馆，自是别有风韵，与古典园林相映成趣，成为苏州一道独特的风景线。半圆、耦园、艺圃等都是不太出名的园林，却也茶境极佳。苏州还有为数不少的名人墓地，是一处处幽静的园林，也开设了茶馆。为了寻求那份难得的清幽，去名人墓地饮茶也成为苏州人的一种时尚。

名茶碧螺春产自苏州，新茶上市时节，到碧螺春故乡吴中区洞庭东、西山喝正宗碧螺春，自然成了沪宁杭一带游客的首选。东、西山的茶馆、茶室和旅游景点的茶座，生意都十分兴隆。东山启园里明清建筑的锦和堂，满室清香，15 元一杯的特级碧螺春茶十分抢手。

七、香港茶楼

香港人早晨洗漱后饮茶。朋友见面的头一句话是“饮茶了吗?”香港的饮茶风俗和广州相似。走在香港街头，随处可见“茶”字。在香港，茶叶商行竟达 200 多家。香港人“饮茶”不是单纯地饮茶，而是吃点心。走进茶楼就座后，服务员奉上一壶香茶，接着是茶肴和点心。香港人在茶楼宴饮叫作请茶，例如新春宴客，称作春茗。香港人不管是会友还是谈生意，大多约在茶楼“请茶”，因此茶楼经常客满，如果去晚了，只能到候餐厅去等候。身穿旗袍的妙龄服务员穿梭往返，供应的香茶和点心很多。香港人对铁观音、水仙、普洱茶很熟悉。茶客只需把茶壶盖掀开，服务员立刻提着水壶前来满上，人们边喝茶边吃点心。去香港做客的人会在茶楼受到主人的热情招待。许多去过香港的内地文化

人，会忍不住在报刊上发表在香港饮茶的文章，赞扬香港茶馆的热情接待。

八、澳门茶楼

澳门人逢年过节一起团聚时，喜欢围起来喝茶。在装饰典雅的客厅中安放着一张大圆桌子，桌面上摆放糖、水果、炒货、干点，中间摆放一壶乌龙茶，每个人面前放着洁白的茶杯。一家人边喝茶边吃菜点，有说有笑，充满了节日的喜气。

澳门餐饮业发达，中西佳肴十分丰富。一些餐馆在供应套餐的时候，在每张餐桌上备有热茶，食客自斟自饮，免费供应。澳门的茶楼每天清晨 6 点营业，热闹非凡。年长者细啜慢饮，孩童咀嚼着茶点，年轻的情侣嬉笑打闹。澳门人爱喝普洱茶、乌龙茶、红茶。茶楼采取壶盅式供茶，为每个茶客供应一壶香茗。服务员在一旁续水，热情周到。澳门的茶楼门口设有卖报的，茶客边品茶边看报。澳门人生活节奏快，午休时间只有一个小时，再除去用餐时间，茶客只能利用二三十分钟的时间到茶楼饮一杯红茶。

第十三章
茶之风俗

我国饮茶历史悠久，品茶者最懂得可以使身心得到放松和健康的饮茶真趣。“客来时，饮杯茶，能增进情谊；口干时，饮杯茶，能润喉生津；疲劳时，饮杯茶，能舒筋消累；空暇时，饮杯茶，能耳鼻生香；心烦时，饮杯茶，能静心清神；滞食时，饮杯茶，能消食去腻。”“以茶待客”、“用茶代酒”，历来是我国人民的传统礼俗，也是我们礼仪之邦的渊源。

民族之茶俗

品茗轩

采茶歌

（清）陈章

凤凰岭头春露香，青裙女儿指爪长。

度涧穿云采茶去，日午归来不满筐。

催贡文移下官府，那管山寒芽未吐。
焙成粒粒比莲心，谁知侬比莲心苦。

千里不同风，百里不同俗。我国是一个多民族的大家庭，由于各兄弟民族所处地理环境不同、历史文化有别、生活风俗各异，因此，饮茶习俗也各有千秋，方式多种多样。不过，把饮茶看作是一种养生健身的方法和促进人际关系的纽带，在这一点上，各民族却是相同的。

一、汉族清饮茶

汉族是我国56个民族中人口最多的民族，也是世界上人口最多的民族。汉族是原称为“华夏”的中原居民，后同其他民族逐渐同化、融合，汉代开始，称为汉族。

汉民族的饮茶方式，大致有品茶和喝茶之分。大体说来，重在意境，以鉴别香气、滋味，欣赏茶姿、茶汤，观察茶色、茶形为目的，自娱自乐者，谓之品茶。凡品茶者，得以细啜缓咽，注重精神享受。倘在劳动之际，汗流浃背，或炎夏酷暑，以清凉、消暑、解渴为目的，手捧大碗急饮者，或不断冲泡，连饮带咽者，谓之喝茶。

不过，汉族饮茶，虽然方式有别，目的不同，但大多推崇清饮，其方法就是将茶直接用热开水冲泡，无须在茶汤中加入姜、椒、盐、糖之类的佐料，属纯茶原汁味饮法，认为清饮能保持茶的“纯粹”，体现茶的“本色”。而最有汉族饮茶代表性的，则要数品龙井、啜乌龙、吃盖碗茶、泡九道茶和喝大碗茶等习俗了。

1. 杭州品龙井

龙井，既是茶的名称，又是种名、地名、寺名、井名，可谓“五名合一”。杭州西湖龙井茶，色绿、形美、香郁、味醇，用虎跑泉水泡龙井茶，更是“杭州一绝”。品饮龙井茶，首先要选择一个幽雅的环境，其次要学会龙井茶的品饮技艺。沏龙井茶的水以80℃左右为宜，泡茶用的杯以白瓷杯或玻璃杯为上，泡茶用的水以山泉水为最。每杯撮上3～4克茶，加水7～8分满即可。品饮时，先应慢慢提起清澈明亮的杯子，细看杯中翠叶碧水，观察多变的叶姿。而后，将杯送入鼻端，深深地嗅一下龙井茶的嫩香，使人舒心清神。看罢、闻罢，然后缓缓品味，清香、甘醇、鲜爽应运而生。

2. 潮汕啜乌龙

在闽南及广东的潮州、汕头一带，几乎家家户户，男女老少，钟情于用小杯细啜乌龙。乌龙茶既是茶类的品名，又是茶树的种名。啜茶用的小杯，称之若琛瓯，只有半个乒乓球大，用如此小杯啜茶，实是汉民族品茶艺术的展现。啜乌龙茶很有讲究，与之配套的茶具，诸如风炉、烧水壶、茶壶、茶杯，谓之“烹茶四宝”。泡茶用水应选择甘洌的山泉水，而且必须做到沸水现冲。经温壶、置茶、冲泡、斟茶入杯，便可品饮，啜茶的方式更为奇特，先要举杯将茶汤送入鼻端闻香，只觉浓香透鼻。接着用拇指和食指按住杯沿，中指托住杯底，举杯倾茶汤入口，含汤在口中回旋品味，顿觉口有余甘。一旦茶汤入肚，口中“啧啧”回味，又觉鼻口生香，咽喉生津，两腋生风，回味无穷。这种饮茶方式，其目的并不在于解渴，主要是在于鉴赏乌龙茶的香气和滋味，重在物质和精神的享受。所以，凡“有朋自远方来”，对啜乌龙茶“不亦乐乎”。

3. 成都盖碗茶

在汉民族居住的大部分地区都有喝盖碗茶的习俗，而以我国的西南地区的一些大、中城市，尤其是成都最为流行。盖碗茶盛于清代，如今，在四川成都、云南昆明等地，已成为当地茶楼、茶馆等饮茶场所的一种传统饮茶方法，一般家庭待客，也常用此法饮茶。

饮盖碗茶一般说来，有五道程序：一道程序净具，用温水将茶碗、碗盖、碗托清洗干净；二道程序置茶，用盖碗茶饮茶，摄取的都是珍品茶，常见的有花茶、沱茶，以及上等红、绿茶等，用量通常为3~5克；三道程序沏茶，一般用初沸开水冲茶冲水至

茶碗口沿时，盖好碗盖，以待品饮；四道程序闻香，待冲泡5分钟左右，茶汁浸润茶汤时，则用右手提起茶托，左手掀盖，随即闻香舒腑；五道程序品饮，用左手握住碗托，右手提碗抵盖，倾碗将茶汤徐徐送入口中，品味润喉，提神消烦，真是别有一番风情。

4. 昆明九道茶

九道茶主要流行于中国西南地区，以云南昆明一带最为时尚。泡九道茶一般以普洱茶最为常见，多用于家庭接待宾客，所以，又称迎客茶，温文尔雅是饮九道茶的基本方式。因饮茶有九道程序，故名“九道茶”。

一道赏茶：将珍品普洱茶置于小盘，请宾客观形、察色、闻香，并简述普洱茶的文化特点，激发宾客的饮茶情趣。

二道洁具：迎客茶以选用紫砂茶具为上，通常茶壶、茶杯、茶盘一色配套。多用开水冲洗，这样既可提高茶具温度，以利茶汁浸出，又可清洁茶具。

三道置茶：一般视壶大小，按1克茶泡50～60毫升开水比例将普洱茶投入壶中待泡。

四道泡茶：用刚沸的开水迅速冲入壶内，至3～4分满。

五道浸茶：冲泡后，立即加盖，稍加摇动，再静置5分钟左右，使茶中可溶物溶解于水。

六道匀茶：启盖后，再向壶内冲入开水，待茶汤浓淡相宜为止。

七道斟茶：将壶中茶汤，分别斟入半圆形排列的茶杯中，从左到右，来回斟茶，使各杯茶汤浓淡一致，至八分满为止。

八道敬茶：由主人手捧茶盘，按长幼辈份，依次敬茶示礼。

九道品茶：一般是先闻茶香清心，继而将茶汤徐徐送入口中，细细品味，以享饮茶之乐。

5. 羊城早市茶

早市茶，又称早茶，多见于中国大中城市，其中历史最久、影响最深的是羊城广州，他们无论在早晨上工前，还是在工余后，抑或是朋友聚议，总爱去茶楼，泡上一壶茶，要上两件点心，美名“一盅两件”。如此品茶尝点，润喉充饥，风味横生，促进感情。广州人品茶大都一日早、中、晚三次，但早茶最为讲究。饮早茶的风气也最盛，由于饮早茶是喝茶佐点，因此当地称饮早茶谓吃早茶。

在广东城市或乡村小镇，吃茶常在茶楼进行。如在假日，全家老幼登上茶楼，围桌而坐，饮茶品点，畅谈国事、家事、身边事，更是其乐融融。亲朋之间，上得茶楼，谈心叙谊，沟通心灵，倍觉亲近。所以许多即便交换意见，或者洽谈业务、协调工作，甚至青年男女谈情说爱，也是喜欢用吃（早）茶的方式去进行，这就是汉族吃早茶的风尚之所以能长盛不衰，甚至更加延伸扩展的缘由。

6. 北京的大碗茶

喝大碗茶的风尚，在汉民族居住地区，随处可见，特别是在大道两旁、车船码头、半路凉亭，直至车间工地、田间劳作，都屡见不鲜。这种饮茶习俗在我国北方最为流行，尤其早年北京的大碗茶，更是闻名迩遐，如今中外闻名的北京大碗茶商场，就是由此沿习命名的。

大碗茶多用大壶冲泡，或大桶装茶，大碗畅饮，热气腾腾，提神解渴，好生自然。这种清茶较粗犷，颇有“野味”，但它随意，不用楼、堂、馆、所，摆设也很简便，一张桌子，几张条木凳，若干只粗瓷大碗便可，因此，它常以茶摊或茶亭的形式出现，主要为过往客人解渴小憩。大碗茶由于贴近社会、贴近生活、贴近百姓，自然受到人们的称道。即便是生活条件不断得到改善和提高的今天，大碗茶仍然不失为一种重要的饮茶方式。

二、藏族酥油茶

藏族主要分布在我国西藏，在云南、四川、青海、甘肃等省的部分地区也有。这里地势高，有“世界屋脊”之称，空气稀薄，气候高寒干旱。

藏族人民以放牧或种旱地作物为生，当地蔬菜瓜果很少，常年以奶肉、糌粑为主食。“其腥肉之食，非茶不消；青稞之热，非茶不解。”茶成了当地人们补充营养的主要来源，喝酥油茶便成了如同吃饭一样重要。在长期的实践过程中，藏族民众渐渐懂得，蔬菜所含有的营养成分，可以通过茶叶来补充，这样就创造了独特的打制酥油茶的方法。酥油茶的制作，是先将砖茶（大叶粗茶压制的砖茶）用水熬制成茶汁，再在茶汁里加入酥油和食盐、倒入竹制或木制的茶筒，然后用一种顶端装有圆形木饼的木棍，上下抽拉，使茶、油和食盐达到水乳交融，最后倒进锅里加热，便成了香味浓郁的酥油茶。藏族喝酥油茶有一定的规矩，一般是边喝边添加，不能一口喝干。家中来了客人，客人的茶碗总是斟满的。假如自己不想喝，就不要动茶碗，如果喝了一半，不想再喝，主人会将茶水斟满等到告别时一饮而尽，主人也会感到十分高兴，这才符合藏族的习惯和礼仪。

酥油茶是一种在茶汤中加入酥油等佐料经特殊方法加工而成的茶汤。至于酥油，乃是把牛奶或羊奶煮沸，经搅拌冷却后凝结在溶液表面的一层脂肪。而茶叶一般选用的是紧压茶中的普洱茶或金尖。制作时，先将紧压茶打碎加水在壶中煎煮 20 ~ 30 分钟，

再滤去茶渣，把茶汤注入长圆形的打茶筒内。同时，再加入适量酥油，还可根据需要加入事先已炒熟、捣碎的核桃仁、花生米、芝麻粉、松子仁之类，最后还应放上少量的食盐、鸡蛋等。接着，用木杵在圆筒内上下抽打，根据藏族经验，当抽打时打茶筒内发出的声音由“咣当、咣当”转为“嚓、嚓”时，表明茶汤和佐料已混为一体，酥油茶才算打好了，随即将酥油茶倒入茶瓶待喝。

由于酥油茶是一种以茶为主料，并加有多种食料经混合而成的液体饮料，所以，滋味多样，喝起来咸里透香，甘中有甜，它既可暖身御寒，又能补充营养。在西藏草原或高原地带，人烟稀少，家中少有客人进门。偶尔，有客来访，可招待的东西很少，加上酥油茶的独特作用，因此，敬酥油茶便成了西藏人款待宾客的珍贵礼仪。

又由于藏族同胞大多信奉喇嘛教，当喇嘛祭祀时，虔诚的教徒要敬茶，有钱的富人要施茶。他们认为，这是“积德”、“行善”，故在西藏的一些大喇嘛寺里，多备有一口特大的茶锅，通常可容茶数担，遇上节日，向信徒施茶，算是佛门的一种施舍，至今仍随处可见。

三、维吾尔族香茶

主要居住在新疆天山以南的维吾尔族，他们主要从事农业劳动，主食面粉。

维吾尔族人分散居住于新疆天山南北。南疆和北疆的维吾尔兄弟饮茶习惯不同，前者爱喝香茶，后者喜喝奶茶。香茶，又名砖茶。将打碎的砖茶和研成细末的胡椒、桂皮等一起放入一长颈铜质或搪瓷制的茶壶，徐徐加入清水，放火上烹，沸腾约 5 分钟后即成。通常饮香茶一日早、中、晚三次，既开胃，又补气提神。北疆奶茶，先将砸成小块的砖茶放入壶内，然后加入清水，放火上烹煮，煮沸后加入适量奶子和盐即成。这种茶，既可在用餐时就着抹酥油或蜂蜜的馕一起吃，亦可温在炉子上作通常饮料饮用。

维吾尔族人民进食时，总喜与香茶伴食，平日也爱喝香茶。他们认为，香茶有养胃提神的作用，是一种营养价值极高的饮料。南疆维吾尔族煮香茶时，使用的是铜制的长颈茶壶，也有用陶质、搪瓷或铝制长颈壶的，而喝茶用的是小茶碗，这与北疆维吾尔族煮奶茶使用的茶具是不一样的。通常制作香茶时，应先将茯砖茶敲碎成小块状。同时，在长颈壶内加水七八分满加热，当水刚沸腾时，抓一把碎块砖茶放入壶中，当水再次沸腾约 5 分钟时，则

将预先准备好的适量姜、桂皮、胡椒等细末香料，放进煮沸的茶水中，经轻轻搅拌，经3~5分钟即成。为防止倒茶时茶渣、香料混入茶汤，在煮茶的长颈壶上往往套有一个过滤网，以免茶汤中带渣。

南疆维吾尔族老乡喝香茶，习惯于一日三次，与早、中、晚三餐同时进行，通常是一边吃馕，一边喝茶，这种饮茶方式，与其说把它看成是一种解渴的饮料，还不如把它说成是一种佐食的汤料，实是一种以茶代汤，用茶做菜之举。

四、蒙古族奶茶

蒙古族主要聚居在内蒙古自治区，其余分布在中国的东北、西北地区。

蒙古族嗜茶，且视茶为“仙草灵丹”，过去一块砖茶可以换一头羊或一头牛，草原上有“以茶代羊”馈赠朋友的风俗习惯。蒙古族牧民日常饮用的茶有三种：酥油茶、奶茶、面茶。奶茶，蒙古语叫“乌古台措”。这种奶茶是在煮好的红茶中，加入鲜奶制成。在蒙古族牧民家中做客，也有一定的规矩。首先，主客的座位要按男左女右排列。贵客、长辈要按主人的指点，在主位上就座。然后，主人用茶碗斟上飘香的奶茶，放少许炒米，双手恭敬地捧起，由贵客长辈开始，每人各敬一碗，客人则用右手接碗，否则为不懂礼节。如果你少要茶或不想喝茶，可用碗边轻轻地碰一下勺子或壶嘴，主人就会明白你的用意。奶茶、炒米是蒙古族茶俗中的一大特色。

喝咸奶茶是蒙古族人们的传统饮茶习俗。奶茶是蒙古族牧民最喜欢的饮料，一日三餐都要喝。沏奶茶的方法非常独特，先要把茶块捣碎，装进布袋，然后放在锅里加水煮一会儿，再加上新鲜的牛奶煮沸。喝的时候，可以放糖，也可以放盐。在牧区，他们习惯于“一日三餐茶”，却往往是“一日一顿饭”。每日清晨，主妇第一件事就是先煮一锅咸奶茶，供全家整天享用。蒙古族喜欢喝热茶，早上，他们一边喝茶，一边吃炒米，将剩余的茶放在微火上暖着，供随时取饮。通常一家人只在晚上放牧回家才正式用餐一次，但早、中、晚三次喝咸奶茶一般是不可缺少的。

蒙古族喝的咸奶茶，用的多为青砖茶或黑砖茶，煮茶的器具是铁锅。制作时，先把砖茶打碎，并将洗净的铁锅置于火上，盛水2～3公斤，烧水至刚沸腾时，加入打碎的砖茶25克左右。当水再次沸腾5分钟后，掺入奶，用量为水的1/5左右，稍加搅动，再加入适量盐巴。等到整锅咸奶茶开始沸腾时，才算煮好了，即可盛在碗中待饮。煮咸奶茶的技术性很强，茶汤滋味的好坏，营养成分的多少，与用茶、加水、掺奶，以及加料次序的先后都有很大的关系。如茶叶放迟了，或者加茶和奶的次序颠倒了，茶味就会出不来。而煮茶时间过长，又会丧失茶香味。蒙古族同胞认为，只有器、茶、奶、盐、温五者互相协调，才能制成咸香可宜、美味可口的咸奶茶来。为此，蒙古族妇女都练就了一手煮咸奶茶的好手艺。大凡姑娘从懂事起，做母亲的就会悉心向女儿传授煮茶技艺。当姑娘出嫁时，在新婚燕尔之际，也得当着亲朋好友的面，显露一下煮茶的本领，要不，就会被人耻笑为缺少家教之嫌。

五、苗族八宝油茶汤

苗族主要分布在云南文山、红河和昭通地区，在鄂西、湘西、黔东北一带也有一些苗族人民，苗族为远古时代的“盘瓠”部落。语言属藏缅语系的苗语支。

苗族同胞，有爱喝八宝油茶的习惯。其实，称为八宝油茶，其意思是在油茶汤中放有多种食物之意。所以，与其说它是茶汤，还不如说它是茶食更恰当。居住在鄂西、湘西、黔东北一带的苗族，以及部分土家族人们，有喝油茶汤的习惯。他们说：“一日不喝油茶汤，满桌酒菜都不香”。倘有宾客进门，他们更会用香

脆可口、滋味无穷的八宝油茶汤款待。八宝油茶汤的制作比较复杂，先得将玉米（煮后晾干）、黄豆、花生米、团散（一种米面薄饼）、豆腐干丁、粉条等分别用茶油炸好，分装入碗待用。

接着是炸茶，特别要把握好火候，这是制作的关键技术。具体做法是放适量茶油在锅中，待锅内的油冒出青烟时，放入适量茶叶和花椒翻炒，待茶叶色转黄发出焦糖香时，即可倾水入锅，再放上姜丝。一旦锅中水煮沸，再徐徐掺入少许冷水，等水再次煮沸时，加入适量食盐和少许大蒜、胡椒之类，用勺稍加拌动，随即将锅中茶汤连同佐料，一一倾入盛有油炸食品的碗中，这样就算把八宝油茶汤制好了。

待客敬油茶汤时，大凡有主妇用双手托盘，盘中放上几碗八宝油茶汤，每碗放上一只调匙，彬彬有礼地敬奉客人。这种油茶汤，由于用料讲究，制作精细，一碗到手，清香扑鼻，沁人肺腑。喝在口中，鲜美无比，满嘴生香。它既解渴，又饱肚，还有特异风味，是我国饮茶技艺中的一朵奇葩。苗族喜欢用冬瓜、橙子切成茶片，刻上各种花纹，以白糖和桂花香精制成花茶，作为礼品馈赠亲友。

六、布依族“姑娘茶”

布依族，主要聚居在贵州省黔西南两个布依族苗族自治州，以及贵州的都匀、独山、平塘、镇宁等10个县（市），其余散居于云南、四川、广西等省（区）。布依族地区山清水秀，自然风光多姿多彩。

布依族也是一个酷爱喝茶的民族，他们用的茶叶都是自采自制，有时也上山去采和茶叶一样能泡开水饮用的其他植物，然后和茶叶一起进行加工，再加入一种名叫金银花的中草药，制成混合茶叶。这种混合茶叶的味道特殊，芬芳醇美，还具有清热提神的作用，泡出来的茶水是很好的饮料。

布依人制作的茶叶中，另有一种茶叶很有特色，相当名贵，而且味道别具一格，这就是“姑娘茶”。“姑娘茶”是布依族未出嫁的姑娘精心制作的茶叶，制好的这种茶叶都不拿出来出售，而只作为礼品赠送给亲朋好友，或在谈恋爱或订亲时，由姑娘家作为信物送给情人，意为用纯真精致的名茶来象征姑娘的贞操和纯洁的爱情。

在布依族家中，男女老少天天都要饮茶。茶是他们生活中最为普遍和必不可少的基本饮料。塘上的茶壶，终日热气腾腾。他们相互往来，相互敬茶，品评茶味，说古论今，无拘无束，享受着天伦之乐。茶，则是他们之间联络、交往的纽带。

七、景颇族腌茶

景颇族，主要分布在云南德宏傣族景颇族自治州的潞西、陇川、盈江、瑞丽、梁河五县，少部分散居于其他州县。景颇族大多住在海拔 1500 至 2000 米的山区，是一个土著民族。这里气候温和，雨量充沛，土地肥沃，物产丰富。

景颇族所居住地土地肥沃，物产丰富，其中茶叶就是其主要经济作物之一。至今这里的人民还保留着以茶作菜的古老食茶法，吃腌茶就是其中之一。

腌茶一般在雨季进行，所用的茶叶是不经加工的鲜叶，用清水洗净，沥去鲜叶表面的附着水后，待用。腌茶时，先用竹簸将鲜叶摊开，稍加搓揉，再加上辣椒、食盐适量拌匀，放入罐或竹筒内，层层用木舂紧，再将罐（筒）口盖紧，或用竹叶塞紧。静置二三个月，到茶叶色泽开始转黄，就算将茶腌好。接着，将腌好的茶从罐内取出晾干，然后装入瓦罐，随食随取。讲究一点的，食用时还可拌一些香油，也可加蒜泥或其他佐料。

腌茶，其实就是一道茶菜。

八、回族刮碗子茶

回族，主要聚居在滇南的个旧、开远、蒙自，滇西的巍山、大理、永平以及滇东的昭通、大关等县（市）。在我国西北的宁夏、青海、甘肃等地也有不少回民聚居。

聚居于我国西北部的回族人民居住处多在高原沙漠，气候干旱寒冷，蔬菜缺乏，以食牛羊肉、奶制品为主。而茶叶中存在的大量维生素和多酚类物质，不但可以补充蔬菜的不足，而且还有助于去油除腻，帮助消化。自古以来，茶一直是回族同胞的主要生活必需品。

回族饮茶，方式多样，其中有代表性的是喝刮碗子茶。刮碗子茶用的茶具，俗称“三件套”，它由茶碗、碗盖和碗托或盘组成。茶碗盛茶，碗盖保香，碗托防烫。喝茶时，一手提托，一手握盖，并用盖顺碗口由里向外刮几下，这样一则可拨去浮在茶汤表面的泡沫，二则使茶味与添加食物相融，刮碗子茶的名称也由此而生。

刮碗子茶用的多为普通炒青绿茶，冲泡茶时，除茶碗中放茶外，还放有冰糖与多种干果，诸如苹果干、葡萄干、柿饼、桃干、红枣、桂圆干、枸杞子等，有的还要加上白菊花、芝麻之类，通常多达八种，故也有人美其名曰：“八宝茶”。由于刮碗子茶中食品种类较多，加之各种配料在茶汤中的浸出速度不同，因此，每次续水后喝起来的滋味是不很一样的。一般说来，刮碗子茶用沸水冲泡，随即加盖，经 5 分钟后开饮，第一泡以茶的滋味为主，主要是清香甘醇；第二泡因糖的作用，就有浓甜透香之感；第三泡开始，茶的滋味开始变淡，各种干果的味道就应运而生，具体依所添的干果而定。大抵说来，一杯刮碗子茶，能冲泡5～6次，甚至更多。

回族同胞认为，喝刮碗子茶次次有味，且次次不同，又能去腻生津，滋补强身，是一种甜美的养生茶。

除刮碗子茶外，回族的“盖碗茶”也与其他民族不同，它不只是茶，茶中还有其他饮品。在回族家中做客，以茶礼为重，来客如是穆斯林，主客互道“色俩目”，然后请客人上炕入座，接着敬上一碗“盖碗茶”，俗名“三炮台”、“三炮台碗子”。茶碗内除放茶叶外，还要放入冰糖、桂圆、大枣等饮品。味道甘甜，香气四溢。客人一边饮，主人一边斟，别有情趣。这种“盖碗茶”，除在甘肃、宁夏、青海等地的回族中盛行外，在当地的汉族、东乡族、保安族等民族中也很盛行，成为待客的重要茶俗。

此外，居住在中国西北部的回族，饮茶方式更是多种多样，其中最奇特的是喝罐罐茶。罐罐茶是用炒青绿茶为原料，经加水熬煮而成。煮茶时，先在罐子中盛上半罐水，放在小火炉上沸腾时，放入茶叶5～8克，边煮边拌，使茶、水相融，茶汁充分浸出。这样经2～3分钟后，再向罐内加水至八成满，直至茶水再沸腾，即可倾汤入杯。由于茶汁浓，宜用小杯，当地人已习惯饮浓茶了。它具有“提精神、助消化、祛病魔、保康健”的好处。

九、侗族打油茶

侗族，主要分布在贵州、湖南、广西三省（区）毗邻的黔东南、玉屏、新晃、通道、芷江以及三江等县。侗族的名称，最早以“仡伶”见于宋代文献。明、清两代曾出现“峒蛮”“峒苗”“峒人”“洞家”等他称。新中国成立后统称侗族，民间多称“侗家”。

打油茶，是侗族生活中不可缺少的习俗。清香甘甜的油茶，提神醒脑，焕发精神，兼有祛除湿热，防治感冒、腹泻之效。一天之中，不分早晚，随时都可以制作。油茶待客更是侗族的重要礼俗。用来制作油茶的原料，主要是：茶叶、大米花、酥黄豆、炒花生、猪下水、葱花、糯米饭等。具体制作方法是：先将煮好的糯米饭晒干，用油爆成米花，再将一把米放进锅里干炒，然后放入茶叶再炒一下，并加入适量的水，开锅后将茶叶滤出放好。待喝油茶时，将事先准备好的米花、炒花生、猪肝、粉肠等放入碗中，将滤好的茶斟入，就是色香味美的油茶了。侗家人喝油茶的规矩是：在侗族地区无论到哪家，请你喝油茶，你不必讲客气，太客气了，是对主人的不尊敬。喝茶时，主人只给你一根筷子，如果你不想再喝时，就将这根筷子架到碗上，主人一看就明白，不会再斟下一碗。如果不是这样，主人就会陪你一直喝下去。贵州的布依族也喜欢喝油茶，制作方法与侗族差异不大，只是不用猪下水等物。

侗族人民十分好客，但大多数都喜欢喝油茶。因此，凡在喜庆佳节，或亲朋贵客进门，总喜欢用做法讲究、佐料精选的油茶款待客人。

十、白族三道茶

白族是一个能歌善舞的民族，历史悠久，文化发达，主要居住在大理白族自治区，素有“文献名邦”之称。早在四千多年前，白族的先民在这块土地上繁衍生息，创造了灿烂的洱海文化，唐代的南诏国，宋代的大理国都曾在这里建都，延续了五百多年，一度成为云南政治、经济和文化的中心，留下了众多的文物古迹。

白族饮茶有“酒盅要粗糙，茶盅要精巧”之说，说明白族重茶俗胜于重酒俗。当你做客跨进白族人家的大门，主人会热情地让你在火塘边就座。此时，主人一边与客人聊天，一边将熬茶的砂罐烤在火上，等砂锅预热后，放入少许茶叶，并不断地抖动，等茶叶渐渐变黄，发出清香时，冲入少许开水，这时只听“呲啦”一声，泡沫杂质从罐口溢出，这就是“雷响茶”。如果没有泡沫从罐口溢出，则称为“哑巴茶”、“老婆婆茶”。这种茶是不能敬客的，要倒掉重烤。用“雷响茶”敬客，每一盅内只倒两三滴茶汁，兑适量的开水，使茶水呈琥珀色，清香扑鼻。在一般情况下，一罐茶敬给客人，只斟三杯。头道斟两盅，主客各一杯，其余两道茶客人独饮，“一苦、二甜、三回味”，其乐无穷。

有的地区，头道茶为苦茶，用质次的菜叶熬成；二道茶叫“核桃茶”，是将核桃切成薄片，加红糖、烤茶，甘甜爽口；三道茶加蜂蜜和四粒花椒，用苦茶水冲制而成，叫“蜂蜜茶”。这种茶道同样含有“一苦、二甜、三回味”的意义，饮之余味无穷。白族“三道茶”蕴涵着“先苦后甜”的人生哲理，过去是长辈出远门时施行的一种礼仪，后来变为待客的茶俗。

白族是一个好客的民族，大凡在逢年过节、生辰寿诞、男婚女嫁、拜师学艺等喜庆日子里，或是在亲朋宾客来访之际，都会以“一苦、二甜、三回味”的三道茶款待。白族“三道茶”在白族语叫“绍道兆”，是一种宾主抒发感情，祝愿美好，并富于戏剧色彩的饮茶方法。制作三道茶时，每道茶的制作方法和所用原料都是不一样的。

第一道茶，称之为“清苦之茶”，寓意做人的哲理：“要立业，就要先吃苦。”制作时，先将水烧开。再由司茶者将一只小砂罐置于文火上烘烤。待罐烤热后，随即取适量茶叶放入罐内，并不停地转动砂罐，使茶叶受热均匀，待罐内茶叶“啪啪”作响，叶色转黄，发出焦糖香时，立即注入已经烧沸的开水。少倾，主人将沸腾的茶水倾入茶盅，再用双手举盅献给客人。由于这种茶经烘烤、煮沸而成，因此，看上去色如琥珀，闻起来焦香扑鼻，喝下去滋味苦涩，故而谓之苦茶，通常只有半杯，一饮而尽。

第二道茶，称之为“甜茶”。当客人喝完第一道茶后，主人重新用小砂罐置茶、烤茶、煮茶，与此同时，还得在茶盅中放入少许红糖，待煮好的茶汤倾入盅内八分满为止。这样沏成的茶，甜中带香，甚是好喝，它寓意“人生在世，做什么事，只有吃得了苦，才会有甜香来”。

第三道茶，称之为“回味茶”。其煮茶方法虽然相同，只是茶盅中放的原料已换成适量蜂蜜、少许炒米花，若干粒花椒，一撮核桃仁，茶汤容量通常为六七分满。饮第三道茶时，一般是一边晃动茶盅，使茶汤和佐料均匀混合，一边口中“呼呼”作响，趁热饮下。这杯茶，喝起来甜、酸、苦、辣，各味俱全，回味无穷，只为告诫人们，凡事要多“回味”，切记“先苦后甜”的人生哲理。

十一、土家族擂茶

土家族，主要聚居在湖南湘西土家族苗族自治州，湖北恩施土家族苗族自治州。此外，四川省的石柱、秀山、酉阳、黔江等县也有分布。土家族地区，山岗缠绕，物产丰饶。

千百年来，土家族人民世代相传，至今还保留着一种古老的吃茶法，这就是喝擂茶。

擂茶，又名三生汤，是用生叶（指从茶树采下的新鲜茶叶）、生姜和生米仁等三种生原料经混和研碎加水后烹煮而成的汤，故而得名。相传三国时，张飞带兵进攻武陵壶头山（今湖南省常德境内），正值炎夏酷暑，当地正好瘟疫蔓延，张飞部下数百将士病倒，连张飞本人也不能幸免。正在危难之际，村中一位草医郎中有感于张飞部属纪律严明，秋毫无犯，便献出祖传除瘟秘方擂茶，结果茶（药）到病除。其实，茶能提神祛邪，清火明目；姜能理脾解表，祛湿发汗；米仁能健脾润肺，和胃止火。所以，说擂茶是一帖治病良药，是有科学道理的。

随着时间的推移，与古代相比，现今的擂茶，在原料的选配上已发生了较大的变化。如今制作擂茶时，通常用的除茶叶外，再配上炒熟的花生、芝麻、米花等，另外，还要加些生姜、食盐、胡椒粉之类。通常将茶和多种食品，以及佐料放在特制的陶制擂钵内，然后用硬木擂棍用力旋转，使各种原料相互混合，再取出一一倾入碗中，用沸水冲泡，用调匙轻轻搅动几下，即调成擂茶。少数地方也有省去擂研，将多种原料放入碗内，直接用沸水冲泡的，但冲茶的水必须是现沸现泡的。

土家族兄弟都有喝擂茶的习惯。一般人们中午干活回家，在用餐前总以喝几碗擂茶为快。有的老年人倘若一天不喝擂茶，就会感到全身乏力，精神不爽，视喝擂茶如同吃饭一样重要。不过，倘有亲朋进门，那么，在喝擂茶的同时，还必须设有几碟茶点。茶点以清淡、香脆食品为主，诸如花生、薯片、瓜子、米花糖、炸鱼片之类，以平添喝擂茶的情趣。

十二、傈僳族油盐茶

傈僳族，主要聚居在云南北部怒江傈僳族自治州的碧江、福贡、贡山、泸水四县，其余散居在附近的腾冲和四川接壤的地区，多与汉、白、彝、纳西等民族交错杂居，是一个质朴而又十分好客的民族。

喝油盐茶是傈僳族广为流行而又十分古老的饮茶方法。

傈僳族喝的油盐茶，制作方法奇特，首先将小陶罐在火塘

（坑）上烘热，然后在罐内放入适量茶叶，在火塘上不断翻，使茶叶烘烤均匀。待茶叶变黄，并发出焦糖香时，再加上少量食油和盐。稍适，再加水适量，煮沸 3 分钟左右，就可将罐中茶汤倾入碗中待喝。

油盐茶因在茶汤烧煮过程中，加入了食油和盐，所以，喝起来“香喷喷，油滋滋，咸兮兮，既有茶的浓醇，又有糖的回味”。傈僳族同胞常用它来招待客人，也是家人团聚喝茶的一种生活方式。

此外，聚居在云南省怒江的傈僳族有喝雷响茶的风习。其制法：先用一个能煨 750 克水的大瓦罐将水煨开，再把饼茶放在小瓦罐里烤香，然后将大瓦罐里的开水加入小瓦罐熬茶。五分钟后滤出茶叶渣，将茶汁倒入酥油筒内，倒入两三罐茶汁后加入酥油，再加事先炒熟、碾碎的核桃仁、花生米、盐巴或糖、鸡蛋等。最后将一块有一个洞的放在火中烧红的鹅卵石放入酥油筒内，使筒内茶汁作响，犹如雷鸣一般。响声过后马上使劲儿用木杵上下抽打，使酥油成雾状，均匀溶于茶汁中，打好倒出趁热饮用。

十三、佤族苦茶

佤族，主要聚居在云南省西南部的西盟、沧源、孟连、耿马等县。佤族地区处于澜沧江和萨尔温江之间，怒山山脉南段地带。山峦重叠，平坝极少，被称为阿佤山。

佤族人民至今仍保留着一些古老的生活习惯，喝苦茶就是其中之一。佤族人民世代嗜好饮茶，而且喜欢饮酽茶。由于每次投入的茶叶多，水量相对少，熬煮出来的酽茶水，味道极苦，故称之为苦茶。苦茶是阿佤人的日常饮料。煮茶选用的茶叶，一般都是阿佤山上初制的绿茶或自制的大茶叶。每次取一两左右的干茶放进砂罐中熬煮，一直要熬到茶水颜色如中药汤一样黑红为止。喝了这种茶，有清凉透脾的感觉，对于酷热中的佤族人民来说有消暑解渴的作用。

佤族的苦茶，冲泡方法别致，通常先用茶壶将水煮开，与此同时，另选一块整洁的薄铁板，上放适量茶叶，移到烧水的火塘边烘烤。为使茶叶受热均匀，还得轻轻抖动铁板，待茶叶发出清香，叶片转黄时随即将茶叶倾入开水壶中进行煮茶，沸腾3—5分钟后，即将茶置入茶盅，以便饮喝。由于这种茶是经过烤煮而成，喝起来焦中带香，苦中带涩，故而谓之苦茶。如今，佤族仍保留这种饮茶习俗。

十四、傣族竹筒茶

傣族主要聚居在云南省西部靠边境的弧形地带，西双版纳傣族自治州德宏傣族景颇族自治州以及耿马、孟连、元江、新平等自治县，少部分散布于其他县区。傣族地区处于云贵高原的西端，高黎贡山、怒山、哀牢山等形成天然屏障，澜沧江、怒江、元江蜿蜒宽阔，湍流不息。在这山水之间，散布着许多峡谷平坝（小平原），是傣族人民居住的地方。它是一个能歌善舞而又热情好客的民族。

竹筒茶，傣语称为“腊跺”。按傣族的习惯，烹饮竹筒茶大致可分为两个步骤：

竹筒茶的制作：竹筒茶的制作方法，甚为奇特，一般可分为三步进行。

1. 装茶：用晒干的春茶，或经初加工而成的毛茶，装入刚刚砍回的生长期为一年左右的嫩香竹筒中。

2. 烤茶：将装有茶叶的竹筒，放在火塘三脚架上烘烤，约6~7分钟后，竹筒内的茶便软化。这时，用木棒将竹筒内的茶压紧，而后再填满茶烘烤。如此边填、边烤、边压，直至竹筒内的茶叶填满压紧为止。

3. 取茶：待茶叶烘烤完毕，用刀剖开竹筒，取出圆柱形的竹筒茶，以待冲泡。

竹筒茶的泡饮：泡茶时，大家围坐在小圆竹桌四周。一般可分两步进行。

1. 泡茶：先掰下少许竹筒茶，放在茶碗中，冲入沸水至七八分满，大约3~5分钟后，就可开始饮茶。

2. 饮茶：竹筒茶饮起来，既有茶的醇厚滋味，又有竹的浓郁清香。非常可口，所以，饮起来有耳目一新之感。

十五、拉祜族烤茶

拉祜族主要分布在澜沧江流域的思茅、临沧以及西双版纳傣族自治州、红河哈尼族彝族自治州。地处亚热带山区，夏无酷暑，冬无严寒，一年中雨季、旱季分明。澜沧地区群山巍峨，河道逶迤，资源丰饶，物产富庶，风光宜人。

拉祜族曾经历了长期的狩猎生活阶段，拉祜族的“拉”是老虎的意思，而“祜”则意为烤吃的方法。拉祜族同胞，在生活中仍保留着不少较为原始的风习。饮烤茶就是拉祜族古老而传统的一种饮茶方式。先把茶叶放进小茶罐内，放在火塘烤焦，再倒入滚开水，茶香四溢扑鼻，每次仅饮一小盅。如果有客人来了，一定要以烤茶招待。煮出来的第一罐由主人自己喝，第二罐才给客人饮用。主人喝第一道茶，表示茶中无毒，请客人放心。第二道茶味道最好，奉献给客人。

拉祜族烤茶，在拉祜语中被称为“腊所夺”。饮烤茶，通常分四道程序进行。

工序一，装茶抖烤。先用一只小陶罐，放在火塘上用文火烤热，然后放上适量茶叶抖烤，使茶受热均匀，待茶叶叶色转黄，并发出焦糖香为止。

工序二，沏茶去沫。用沸水冲满装茶的小陶罐，随即泼去上部浮沫，再注满沸水，煮沸 3～5 分钟待饮。然后倒出少许，根据浓淡，决定是否另加开水。

工序三，倾茶敬客。就是将在罐内烤好的茶水倾入茶碗，奉茶敬客。

工序四，喝茶啜沫。拉祜族兄弟认为，烤茶香气足，味道浓，能振精神，才是上等好茶。因此，拉祜族喝烤茶，总喜欢喝热茶。

十六、哈尼族土锅茶

哈尼族，绝大部分集中聚居于滇南红河和澜沧江的中间地带，其余分布在普洱、勐海、景洪、勐腊、禄劝、新平等地。

喝土锅茶是哈尼族的嗜好，这是一种古老而简便的饮茶方式。这种茶水，汤色绿黄，温度适中，清香润喉，解渴，回味无穷，是哈尼人待客的一种古老习俗。

哈尼族土锅茶，哈尼语“绘兰老泼”。煮土锅茶的方法比较简单，一般凡有客人进门，主妇先用土锅（或瓦壶）将水浇开，随即在沸水中加入适量茶叶，待锅中茶水再次煮沸3~5分钟后，将茶水倾入用竹制的茶盅内，一一敬奉给客人。平日，哈尼族同胞也喜欢在劳动之余，一家人喝茶叙家常，以享天伦之乐。

十七、纳西族“龙虎斗”

纳西族聚居于滇西北高原的玉龙雪山和金沙江、澜沧江、雅砻江三江纵横的高寒山区。

用茶和酒冲泡调和而成的“龙虎斗”茶，被认为是解表散寒的一味良药，因此，“龙虎斗”茶总是受到纳西族的喜爱。

纳西族喝的“龙虎斗”，制作方法也很奇特。首先用水壶将水烧开，与此同时，另选一只小陶罐，放上适量茶，连罐带茶烘烤，为免使茶叶烤焦，还要不断转动陶罐，使茶叶受热均匀。待茶叶发出焦香时，罐内冲入开水，烧煮3~5分钟。同时，另准备茶盅，一只放上半盅白酒，然后将煮好的茶水冲进盛有白酒的茶盅内。这时，茶盅内就会发出“啪啪”的响声，纳西族同胞将此看作是吉祥的征兆。声音愈响，在场者就愈高兴。纳西认为“龙虎斗”还是治感冒的良药，因此，提倡趁热喝下。如此喝茶，香高味酽，提神解渴，甚是过瘾！但纳西族认为，冲泡“龙虎斗”茶时，只许将茶水倒入白酒中，切不可将白酒倒入茶水内。

十八、布朗族青竹茶

布朗族是云南特有的民族，主要分布于临沧地区的云县、镇康县、永德县、双江拉祜族佤族自治县。布朗族的青竹茶，是一种方便实用，又贴近生活的饮茶方式，常常在离开村寨务农，或进山狩猎时饮用。

布朗族喝的青竹茶，制作方法较为奇特，首先砍一节碗口粗的鲜竹筒，一端削尖，插入地下，再向内加上泉水，当作煮茶器具。然后，找些枯枝落叶，当作烧料点燃于竹筒四周。当竹筒内水煮沸时，随即加上适量茶叶，继续煮沸，经 3 分钟左右，即可将煮好的茶汤倾入事先已削好的新竹节罐内，便可饮用。青竹筒茶将泉水的甘甜、竹子的清香、茶叶的浓醇融为一体，所以，喝起来别有风味，久久难忘。

十九、撒拉族“三炮台”碗子茶

撒拉族主要聚居在青海循化撒拉族自治县，其余分布在青海、甘肃、新疆等州县。撒拉族人民喜欢喝三炮台茶，他们认为喝三炮台碗子茶，次次有味，且次次不同，又能去腻生津，滋补强身，是一种甜美的养生茶。

“三炮台”的茶具由茶盖、茶碗、茶碟组成。瓷质细腻、精巧美观、古色古香，整套茶具很像炮台。给客人上“三炮台”茶，要在吃饭以前。倒茶时，把碗盖揭开，在茶碗里放进香茗、桂圆、冰糖等，注入开水，加盖后捧递。

喝三炮台碗子茶时，一手提碗，一手握盖，并用碗盖随手顺碗口由里向外刮几下，这样一则可以刮去茶汤面上的漂浮物；二则可以使茶叶和添加物的汁水相融。如此，一边啜饮，一边不断添加开水，直到糖尽茶淡为止。由于三炮台碗子茶有一个刮漂浮物的过程，因此，又有称三炮台碗子茶为刮碗子茶的。

“三炮台”在汉族和回族中盛行。“三炮台”茶因配料的不同而起不同的名字。有的叫“红糖砖茶”，有的叫“白糖清茶”。最有名的是“八宝茶”，配料为芝麻、花生仁、红枣、核桃仁、柿饼、葡萄干、枸杞、桂圆肉、杏干、银耳、冰糖等。“三炮台”兼具色、香、味、形四美，能够益心智、强体魄、养血安神，对神经衰弱、健忘、怔忡都有疗效。

二十、基诺族凉拌茶和煮茶

基诺族主要聚居在云南省西双版纳傣族自治州景洪县的基诺民族乡，少部分散居在景洪县的勐旺、勐养、橄榄坝、大渡岗和勐腊县的象明、勐仑等地。

基诺族喜爱吃凉拌茶，其实是中国古代食茶法的延续，所以，这是一种较为原始的食茶法，基诺族称它为“拉拔批皮”。凉拌茶以现采的茶树鲜嫩新梢为主料，再配以黄果叶、辣椒、大蒜、食盐等制成，具体可依各人的爱好而定。制作时，可先将刚采来的鲜嫩茶树新梢，用手稍加搓揉，把嫩梢揉碎，然后放在清洁的碗内。再将新鲜的黄果叶揉碎，辣椒、大蒜切细，连同适量食盐投入盛有茶树嫩梢的碗中。最后，加上少许泉水，用筷子搅匀，静止一刻钟左右，即可食用。所以，说凉拌茶是一种饮料，还不如说它是一道菜更确切，它主要是在基诺族吃米饭时当菜吃的。

基诺族的另一种饮茶方式，就是喝煮茶，这种方法在基诺族中较为常见。其方法是先用茶壶将水煮沸，随即在陶罐内取出适量已经过加工的茶叶，投入到正在沸腾的茶壶内，经3分钟左右，当茶已经浸出时，即可将壶中的茶注入到竹筒，供人饮用。

地方之茶俗

品茗轩

对　茶

（唐）孙淑

小阁烹香茗，疏帘下玉钩。

灯光翻出鼎，钗影倒沉瓯。

婢捧消春困，亲尝散暮愁。

吟诗因坐久，月转晚妆楼。

中国是世界茶叶的故乡，种茶、制茶、饮茶有着悠久的历史。中国又是一个幅员辽阔的国家，生活在这个大家庭中各地人民有着各种不同的饮茶习俗，正所谓是“历史久远茶故乡，绚丽多姿茶文化”。

一、北京人喜大碗茶

喝大碗茶的风尚，在汉民族居住地区，随处可见，特别是在大道两旁、车船码头、半路凉亭，直至车间工地、田间劳作，都屡见不鲜。这种饮茶习俗在我国北方最为流行，尤其早年北京的大碗茶，更是闻名迩遐，如今中外闻名的北京大碗茶商场，就是由此沿习命名的。

现代的京城，饮茶之风渐起，不过，大多是专门的茶馆、茶艺馆。茶为消费主体，可供吃的大多是些闲食，瓜子、花生一类，干果为多，少样的点心点缀，仅此而已。而且，这里的茶客以饮晚茶者为多，晚餐之后，酒足饭饱，来到茶馆或茶艺馆，清茶一盏，抽抽烟，谈谈天，甚至以棋牌为伍，至午夜方得散去。

大碗茶多用大壶冲泡，或大桶装茶，大碗畅饮，热气腾腾，提神解渴，好生自然。这种清茶一碗，随便饮喝，无须做作的喝茶方式，虽然比较粗犷，颇有“野味”，但它随意，不用楼、堂、馆、所，摆设也很简便，一张桌子，几张条木凳，若干只粗瓷大碗便可，因此，它常以茶摊或茶亭的形式出现，主要为过往客人解渴小憩。

大碗茶由于贴近社会、贴近生活、贴近百姓，自然受到人们的称道。即便是生活条件不断得到改善和提高的今天，大碗茶仍然不失为一种重要的饮茶方式。

二、广州人喜早茶

广州人嗜好饮茶，把饮早茶称为“叹茶”（即享受之意）。至今仍流传着“叹一盅两件”（即享受一盅香茶、两件点心之意）的口头禅。清早起来，口带涩味，饮杯香早茶，漱净口腔，提提精神，唤起食欲，再食点心，更能品尝到各款点心的美味，确实是一种享受。早上见面打招就是问“饮左茶未”，以此作为问候早安的代名词，可见对饮茶的喜爱。饮茶是广州人的一个生活习惯，也是“食在广州”的一大特色。

广州人所说的饮茶，实际上指的是上茶楼饮茶，广州的茶楼与茶馆的概念也不尽相同。它不但既供应茶水又供应点心，而且建筑规模宏大，富丽堂皇，是茶馆所不能比拟的。喝早茶，不仅饮茶，还要吃点心，被视作一种交际的方式。“一盅二件，人生一乐”，这是广东人对早茶的描述。广东人视上茶楼吃早茶为人生绝妙的享受。所谓一盅两件，是指早茶常以一盅茶配二道点心。

上班之前，进茶楼占一席位，由服务员用精美别致的茶具沏上一壶好茶，再点几种美味可口的点心，一边品饮香茗，一边吃点心。早茶之后，精力充沛地上班迎接一天的工作。在节假日里，携全家老小，或邀几位亲朋好友，登上茶楼，边品茶边聊天，也超然洒脱。商界人士请有关客房进茶楼品茶谈生意也成为风俗。茶楼所备的茶叶品种甚多，有红茶、绿茶、乌龙茶，也有花茶、六堡茶等。点心也是各式名点齐备，如叉烧包、水晶包、小笼肉包、虾仁小笼、蟹粉小笼、虾饺和各种酥饼，以及鸡粥、牛肉粥、鱼片粥和云吞等，真可谓香茗配名点，相得益彰。

广州人饮茶并无什么礼仪上的讲究。唯独在主人给客人斟茶时，客人要用食指和中指轻叩桌面，以致谢意。据说这一习俗，来源于乾隆下江南的典故。相传乾隆皇帝到江南视察时，曾微服私访，有一次来到一家茶馆，兴致所至，竟给随行的仆从斟起茶来。按皇宫规矩，仆从是要跪受的。但为了不暴露乾隆的身份，仆从灵机一动，将食指和中指弯曲，做成屈膝的姿势，轻叩桌面，以代替下跪。后来，这个消息传开，便逐渐演化成了饮茶时的一种礼仪。这种风俗至今在岭南及东南亚的华侨中依然十分流行。

广州的茶市分为早茶、午茶和晚茶。早茶通常清晨4时开市，晚茶要到次日凌晨1~2时收市，有的通宵营业。一般地说，早茶市最兴隆，从清晨至上午11时，往往座无虚席。特别是节假日，不少茶楼要排队候位。饮晚茶也渐有兴盛之势，尤其在夏天，茶楼成为人们消夏的首选去处。

不过，广州人在闲暇时也以在家里饮“功夫茶”为乐事。“功夫茶”对茶具、茶叶、水质、沏茶、斟茶、饮茶都十分讲究。功夫茶壶很小，只有拳头那么大，薄胎瓷，半透明，隐约能见壶内茶叶。杯子则只有半个乒乓球大小。茶叶选用色香味俱全的乌龙茶，以半发酵的为最佳。放茶叶要把壶里塞满，并用手指压实，据说压得越实茶越醇。水最好是要经过沉淀的，沏茶时将刚烧沸的水马上灌进壶里，开头一两次要倒掉，这主要是出于卫生的考虑。斟茶时不能满了上杯斟下杯，而要不停地来回斟，以免出现前浓后淡的情况。饮时是用舌头舔着慢慢地品，一边品着茶一边谈天说地，这叫功夫。功夫茶茶汁浓，碱性大，刚饮几杯时，会微感苦涩，但饮到后来，会愈饮愈觉苦香甜润，使人神清气爽，特别是大宴后下油最好。

此外，饮凉茶也是广州人的一个生活习惯。所谓饮凉茶就是把药性寒凉、能清解内热的中草药煎水作饮料喝，以清除夏季人体内的暑气。广州的凉茶历史悠久，如王老吉凉茶就形成于清嘉庆年间（1796－1820），由于它清热解毒、消炎去暑的药用功效明显，历来为广州人所推崇。另外，还有如石歧凉茶、健康凉茶、金银菊五花茶、龟苓膏、生鱼葛菜汤等也都是广州人喜爱的传统老牌凉茶。

20 世纪 80 年代以来，为方便饮用，各种凉茶冲剂及软包装凉茶应运而生，如神农凉茶、夏桑菊等，已成为许多家庭夏季的必备饮品。

三、上海人喜以茶代酒

时下，上海人到酒家用餐，并不是人人都要饮酒或喝饮料，有许多客人特地关照服务小姐，请泡一杯绿茶来！

以茶代酒，从过去的“口头说说”到现在的成为时尚，以茶代酒，有的人为了保健需要，遵照医嘱而身体力行。有些人因为怕喝酒多了会误事，而不少白领先生和白领小姐，以此作为一种有修养的表现。据了解，在顾客中以茶代酒者占 15% 左右，正在成为一种新时尚，这反映出这个需求拥有一个广阔的市场。

在各种宴会上，老人爱喝自娱茶，白领族爱喝信息茶，青年爱喝休闲茶，中年偏爱特色茶，逛街族爱喝小歇茶。现在，无论富有之家或贫困之户，无论是上层社会或普通百姓，无论是社交活动或闲散居室，都崇尚饮茶，莫不以茶为礼，以沏茶、敬茶的礼仪来敬客人。由于越来越多的年轻人和外国游客的加入，“喝茶”二字不仅意味着民族传统茶文化的延续，而且带有上海国际大都市新时尚的色彩。上海的一些地方已经形成了一条不成文的规矩：以茶代酒，吃饭之前先敬茶。

四、江浙人喜龙井

江浙一带是文人墨客聚集的地方，因为古时传说乾隆皇帝来这一带微服私访时特别喜欢喝龙井茶，所以文人墨客也纷纷喝了起来，喝龙井茶似乎也就成了身份和地位的象征。龙井，既是茶的名称，又是种名、地名、寺名、井名，可谓“五名合一”。杭州西湖龙井茶，色绿、形美、香郁、味醇，用虎跑泉水泡龙井茶，更是“杭州一绝”。龙井茶的芽叶郁郁葱葱，茶色嫩绿，滋味爽口似兰，很符合江浙一带的老百姓清淡的饮食品味，龙井茶成了饭前饭后的好饮料。这才是江浙一带的老百姓爱喝龙井茶的原因。

品饮龙井茶，首先要选择一个幽雅的环境。其次要学会龙井茶的品饮技艺。沏龙井茶的水以80℃左右为宜，泡茶用的杯以白瓷杯或玻璃杯为上，泡茶用的水以山泉水为最。每杯撮上3～4克茶，加水7～8分满即可。

品龙井茶，无疑是一种美的享受，艺术的欣赏。品饮时，先应慢慢提起清澈明亮的杯子，细看杯中翠叶碧水，观察多变的叶

姿。尔后，将杯送入鼻端，深深地嗅一下龙井茶的嫩香，使人舒心清神。看罢、闻罢，然后缓缓品味，清香、甘醇、鲜爽应运而生。此情此景，正如清人陆次云所说：“龙井茶真者，甘香如兰，幽而不冽，啜之淡然，似乎无味。饮过之后，觉有一种太和之气，弥沦齿颊之间，此无味之味，乃至味也。”这就是品龙井茶的动人写照。

五、四川人喜盖碗茶

在汉民族居住的大部分地区都有喝盖碗茶的习俗，而以我国的西南地区的一些大、中城市，尤其是成都最为流行。盖碗茶盛于清代，如今，在四川成都、云南昆明等地，已成为当地茶楼、茶馆等饮茶场所的一种传统饮茶方法，一般家庭待客，也常用此法饮茶。朱自清的《咏成都小景》中就有“凌晨即品茶”之句，四川人晨起清肺润喉一碗茶，酒后饭余除腻消腥一碗茶，劳心劳力解乏提神一碗茶，良朋好友闲谈聊天一碗茶，邻里纠纷消释前嫌一碗茶。

四川人喜欢“摆龙门阵”，在熙来攘往的茶馆之中，一边品饮四川的盖碗茶，一边海阔天空，谈笑风生。同时佐以茶点小吃和曲艺表演，实为人生至乐。

四川的盖碗茶用茶多以茉莉花茶、龙井、碧螺春等。而茶具则选用北京讲究的盖茶，此茶具茶碗、茶船、茶盖三位一体，各自有其独特的功能。茶船即碗的茶碟，以茶船托杯，既不会烫坏桌面，又便于端茶。茶盖有利于尽快泡出茶香，又可以刮去浮沫，便于看茶、闻茶、喝茶。

饮盖碗茶一般说来，有五道程序。一是净具：用温水将茶碗、碗盖、碗托清洗干净。二是置茶：用盖碗茶饮茶，摄取的都是珍品茶，常见的有花茶、沱茶等。三是沏茶：一般用初沸开水冲茶，冲水至茶碗口沿时，盖好碗盖，以待品饮。四是闻香：泡 5 分钟左右，茶汁浸润茶汤时，则用右手提起茶托，左手掀盖，随即闻香舒腑。五是品饮：用左手握住碗托，右手提碗抵盖，倾碗将茶汤徐徐送入口中，品味润喉，提神消烦，真是别有一番风情。

六、苏州人喜香味茶

苏州市吴江县震泽至浙江南浔一带的人爱喝香味茶。当有客人来时，主人总会端上一杯香喷喷的香味茶来招待客人。

这种茶是用晒干的胡萝卜干、青豆、桔子皮、炒熟的芝麻和新鲜的黑豆腐干，加少许绿茶叶放在茶杯里，用开水冲泡而成。盖一掀开，一股沁人心脾的香味扑面而来。喝起来更是香醇浓郁，神清气爽，风味独特，品尝这样的茶真是一种妙不可言的享受——看着是享受，闻着是享受，细啜慢饮更是一种享受，可谓色香味俱佳。但是，喝的时候，一定要先将佐料吃掉，然后再慢慢地喝茶，绝对不能吐掉，否则就是失礼。

每逢佳节泡沏“香味茶”，佐料就比较讲究了。这时，晒干的胡萝卜干换成了烧熟的青竹笋，再加上一些糖桂花，糖浸桔皮、芝麻，喝起来，香喷喷，甜蜜蜜，咸滋滋，甘美可口，沁人肺腑，冲泡至第二、第三回时，香味越来越浓，令人心旷神怡，回味无穷。

七、湖南人喜姜盐豆子茶

湖南省湘阴、汨罗县一带的人，非常喜欢饮用姜盐豆子茶，这也是他们待客的茶。

姜盐豆子茶又称岳飞茶、湘阴茶或六合茶，即姜、盐、黄豆、芝麻、茶叶、开水。如果说起它的起源，其中还有一段颇为有趣的来历呢。那是南宋绍兴年间，岳飞被朝廷授予镇宁崇信军节度使，带领兵马南下，准备镇压杨幺领导的农民起义。但是，士兵一到南方，水土不服，病人增多，不仅影响了作战，也影响了士气。岳飞急中生智，便吩咐部下熬含盐的黄豆姜汁汤当茶喝。果然，士兵中的疾病迅速减少。军营周围的老百姓一看，也学着沏这号茶。一时间在湘阴包括今日的汨罗县流行起来，直到今天。

如果家里来了客人，主人就会给您送上一杯香味四溢的姜盐豆子茶，杯底上一层被水泡胀了的炒黄豆，软软的、黄黄的，颇吊人味口。如果茶快见底了，主人会立即再给您斟上茶，如此一杯一杯地下来，杯底诱人的豆子是越积越多。可见，想吃豆子，还真就得将茶从头喝起。

这里的每户农家都有烧开水的瓦罐，炒黄豆、芝麻的铁皮小铲和研磨老姜的姜钵。将清水注入瓦罐，在柴火灶的火灰中烧开，把黄豆或芝麻放在铁皮小铲上炒熟。将老姜在钵中磨成姜渣与姜汁，才可以泡茶。泡茶时，要先将茶叶放进瓦罐里泡开，然后将盐、姜渣、姜汁倒入罐内，混匀，倒入茶杯，抓上一把炒熟的黄豆或芝麻撒在杯子里，即可饮用。

八、潮州人喜功夫茶

在潮州，不论嘉会盛宴，或是闲处逸居，乃至豆棚瓜下，公园一角，人们随处都可以看到一幅幅提壶擎杯，长斟短酌，充满安逸情趣的风俗图画。潮州人饮茶量为全国之最。自宋代以来，特别是明代中叶，饮茶之风已遍及潮州。

潮州功夫茶实际上是一种讲究茶叶、水质、火候及冲泡技法的茶艺。潮州人饮茶多选凤凰单机、白叶单枞、凤凰八仙、黄枝香、芝兰香以及乌龙茶、铁观音等。冲泡功夫茶除选择上乘的茶叶外，对用水有着严格的要求。被誉为“茶圣”的陆羽在《茶经》一书中写道“（泡茶）以山水（水泉）上，江河中，井水下”的结论。潮州功夫茶既有科学道理，又包涵着浓郁的文化意蕴。

潮州人家家都有三定：茶壶、茶杯、木炭炉。茶壶一般为紫砂陶壶，形状小巧古朴，本身就是件具有欣赏价值的艺术品，而且壶中的茶渍越厚也越珍贵。潮州人喝功夫茶是人人有“瘾”，在千余万人口中，不抽烟、不喝酒者有之，唯独不喝茶者难以找到。真可谓是“宁可三日无米，不可一日无茶”，只要有空就喝茶。功夫茶主要体现在泡茶这个功夫上，它的具体做法是：将“缸心水”（即沉淀过的水）倒入小砂锅或铜壶里，烧开后先烫壶、盏。使壶盏都有一定的温热，再往壶中放满茶，用烧开的水在茶壶上方约 2 厘米的高处，对准茶壶口直冲下去，这个动作叫“高冲”，它可以使壶里的每片茶叶都能在滚水里翻动，充分受热，较快把茶叶里掺和的杂质冲击上水面并溢出壶外，同时又能较快地把茶叶中的有效成分溶解开来。然后用茶壶嘴贴着盏面斟茶，这样可以避免发出响声，也不使茶汤泛起泡沫，此为“低斟”。斟茶时，不能斟满了一盏再斟另一盏，而是按盏数多少轮番转着斟，这为“关公巡城”，每壶茶都要倒尽，直至滴完为止。饮完一轮后，要用滚水烫杯净盏，方可饮下一轮。功夫茶浓度高，茶汤特酽，刚喝进嘴里有苦味，但马上就会感到芳香盈咽，茶味经久不散。

在外地人看来，要品一杯功夫茶其程式繁琐，但潮人因其“儒工、幼秀”的民性使然，却乐此不疲，还谓之品茶有“大功夫、小功夫”之别。在考究了茶叶、水质、茶具之后，就是冲泡（烹法）及品尝的模式。尽管普通人喝功夫茶，从制器、纳茶、候汤、冲点、刮沫、淋罐、烫杯、洒茶到品尝，都有一套考究的程式，但这仅是“小功夫”。大功夫是指那些“老茶客”，除讲究“高冲低洒、刮沫淋盖、关公巡城、韩信点兵”等一整套冲泡手艺之外，还需经过再三礼让，端起杯来，一闻其香，二观其色，三再慢斟细呷。让其色、味、香经喉入脑，不由让人提神醒脑，有时仔细啜呷还能品尝出人生先苦后甘之况味来。

九、昆明人喜九道茶

九道茶主要流行于中国西南地区，以云南昆明一带最为时尚。泡九道茶一般以普洱茶最为常见，多用于家庭接待宾客，所以，又称迎客茶，温文尔雅是饮九道茶的基本方式。因饮茶有九道程序，故名“九道茶”。

一是赏茶：将珍品普洱茶置于小盘，请宾客观形、察色、闻香，并简述普洱茶的文化特点，激发宾客的饮茶情趣。

二是洁具：迎客茶以选用紫砂茶具为上，通常茶壶、茶杯、茶盘一色配套。多用开水冲洗，这样既可提高茶具温度，以利茶汁浸出；又可清洁茶具。

三是置茶：一般视壶大小，按1克茶泡50~60毫升开水比例将普洱茶投入壶中待泡。

四是泡茶：用刚沸的开水迅速冲入壶内，至3~4分满。

五是浸茶：冲泡后，立即加盖，稍加摇动，再静置5分钟左右，使茶中可溶物溶解于水。

六是匀茶：启盖后，再向壶内冲入开水，待茶汤浓淡相宜为止。

七是斟茶：将壶中茶汤，分别斟入半圆形排列的茶杯中，从左到右，来回斟茶，使各杯茶汤浓淡一致，至八分满为止。

八是敬茶：由主人手捧茶盘，按长幼辈份，依次敬茶示礼。

九是品茶：一般是先闻茶香清心，继而将茶汤徐徐送入口中，细细品味，以享饮茶之乐。

十、湖州人喜咸茶

咸茶是传统饮料之一，流行于浙江的杭州、嘉州、湖州一带，湖州的咸茶最有特色。来了亲戚或者尊敬的客人，热情的湖州人会奉上一杯馨香浓郁的湖州咸茶。

咸茶的冲泡，先将细嫩的茶叶放在茶碗中，用竹爿瓦罐专煮的沸水冲泡。尔后，用竹筷夹着腌过的橙子皮拌芝麻放下茶汤，再放些薰青豆、糖桂花、笋干、胡萝卜等，稍顷即可趁热品尝，边喝边冲，最后连茶叶带佐料都吃掉。

用无色透明的玻璃杯泡茶，就能看见碧绿的茶叶缓慢舒展，薰青豆逐渐发胖，一朵朵像微型海星的桂花，橘红色的橙皮和淡黄色的胡萝卜丝，一会儿沉一会儿浮。黑白相间的芝麻，均匀地分布着。

啜一口湖州咸茶满嘴清香。冲泡到第二三次时，香味越来越浓。茶叶的清香、橙皮的橘香、薰青豆的豆香、萝卜丝的甜味、薰豆的咸味、茶叶的微辛，很是享受。

“橙子芝麻茶，吃了讲胡话。”意思是咸茶有明显的兴奋提神作用，尤其在冬春之交，夜特别长，晚上吃些咸茶，顿消白天疲劳，补充夜间温饱，还具有消食、开胃、通气的功效。

十一、台湾人喜泡沫茶

喝泡沫茶是20世纪80年代初期在台湾兴起的饮茶习俗。所谓泡沫茶，即利用不同口味的果汁、糖或奶精等添加物，再配上红茶或绿茶等，放于摇杯，经过摇过后，所调制而成。这种利用不同口味的果汁、糖或奶精等添加物的泡沫茶，再配上红茶或绿茶等，放于摇杯用力摇动，因茶叶含有皂甙化合物，具有活性作用，在振摇过程中能产生泡沫，浮在透明的玻璃杯中，起名为“泡沫茶”。看这程序虽不繁杂，但在调制过程比例的掌握、时间的控制、摇杯的操作技巧等等，皆会影响调出来饮品的风味。

喝茶的时候用吸管吸饮。因茶汤和辅料的不同，在玻璃杯中显得色彩斑斓，有的茶汤红艳，里面有白色的西米圆粒；有的茶汤翠绿，红色樱桃或者枸杞子在杯里不断地浮动，红绿相映。

泡沫茶因茶汤的表层有很多碎泡沫，品种众多，喝起来清凉可口，深受青年人的喜爱。泡沫茶店遍布整个台湾，装潢的形式多种多样，泡沫茶店大多顾客盈门，生意兴隆，大有替代冷饮店和咖啡屋的趋势。泡沫茶的兴起对推动台湾茶业的发展起到了巨大的作用。

泡沫茶改变了茶叶的形象。茶叶一般是现泡现喝，热饮慢啜，适合中、老年人的品味。而泡沫茶的兴起体现了年轻人的魅力。泡沫茶泡制简便，口味多种多样，把东方的喝茶风俗和西方品饮的风格融合在一起。

青年男女社交活动往往喜欢去冷饮店、咖啡屋，但现在泡沫茶室已经成为最好的休闲场所。有一些茶馆，把泡沫品茗提高到精神境界的高度，极大地丰富了人们的生活内容。

泡沫茶促进了茶叶的消费，台湾人的茶叶消费量翻了两番，从历史上的茶叶输出地区变成了输入地区。

不同国度之茶俗

品茗轩

寒夜

（宋）杜耒

寒夜客来茶当酒，竹炉汤沸火初红。

寻常一样窗前月，才有梅花便不同。

一、日本茶俗

日本茶俗，最引人注目的便是其繁琐的茶道。日本民族通过饮茶，对人们进行礼仪的教育和道德的修炼。众所周知，日本的茶和饮茶方法都是唐由中国传入的。“茶道”一词，也最早见诸于中国唐代史籍中。宋时，日本高僧荣西禅师两度到浙江留学，回国后写成《吃茶养生记》，这是日本最早的茶书。荣西认为，茶是养生之仙药，延龄之妙术；茶具则具有自然之美，人情之美，茶是一种美的享受。因而，荣西被称为日本的“茶祖”。“茶道”是日本文化的结晶，又是日本民族生活的规范，同时也是日本民

族心灵的寄托。

二、美国茶俗

美国饮茶习惯是由欧洲移民带去的，饮茶方法与欧洲大体相仿。美国饮茶属清饮与调饮两种，大多喜欢在茶内加入柠檬、糖及冰块等添加剂。美国 18 世纪以中国武夷岩茶为主，19 世纪以中国绿茶为主，20 世纪以红茶为主，80 年代以来绿茶销售开始回升。然而，作为热饮料的茶，美国人却演变成冷饮冰茶。

在美国，无论是茶的沸水冲泡汁，还是速溶茶的冷水溶解液，直至罐装茶水，他们饮用时，多数习惯于在茶汤中投入冰块，或者饮用前预先置于冰柜中冷却为冰茶。冰茶之所以受到美国人的欢迎，这是因为冰茶顺应了快节奏的生活方式。而喝冰茶时，可结合自己的口味，添加糖、柠檬，或其他果汁等。如此饮茶，既有茶的醇味，又有果的清香，尤其是在盛夏，饮之满口生津，暑气顿消。冰茶作为运动饮料，也受到运动员青睐，它可取代汽水，既可在运动时解渴，又有益于恢复精力。人体在紧张劳累的体力活动之后，喝上一杯冰茶，自然会有清凉舒适之感，并且使精神为之一振。

美国也喝鸡尾茶酒，特别是在风景秀丽的夏威夷，普遍有喝鸡尾茶酒的习惯。鸡尾茶酒的制法并不复杂，即在鸡尾酒中，根据各人的需要，加入一定比例的红茶汁，就成了鸡尾茶酒。只是对红茶质量的要求较高，茶必须是具有汤色浓艳、刺激味强、滋味鲜爽的高级红茶，用这种茶汁泡制而成的鸡尾茶酒，味更醇、香更浓、能提神、可醒脑，因而受到欢迎。

三、东南亚国家茶俗

东南亚饮茶国家主要有越南、老挝、柬埔寨、缅甸、泰国、新加坡、马来西亚、印度尼西亚、菲律宾、文莱等，这些国家受华人饮茶风习影响至深。历来就有饮茶习俗。饮茶方式也多种多样：既有饮绿茶、红茶的，也有饮乌龙茶、普洱茶、花茶的；既有饮热茶的，也有饮冰茶的；既有饮清茶的，也有饮调味茶的。

新加坡和马来西亚的肉骨茶。肉骨茶，即一边吃肉骨，一边喝茶。肉骨，多选用新鲜带瘦肉的排骨，也有用猪蹄、牛肉或鸡肉的。烧制时，肉骨先用佐料进行烹调，文火炖熟。有的还会放上党参、枸杞、熟地等滋补名贵药材，使肉骨变得更加清香味美，而且能补气生血，富有营养。而茶叶则大多选自福建产的乌龙茶，

如大红袍、铁观音之类。吃肉骨茶时，有一条不成文的规定，就是在吃肉骨时，必须饮茶。如今，肉骨茶已成为一种大众化的食品，肉骨茶的配料也应运而生。在新加坡、马来西亚，以及中国香港等地的一些超市内，都可买到适合自己口味的肉骨茶配料。

泰国腌茶。泰国北部地区，与中国云南接壤，这里的人们喜欢吃腌茶，其制法与云南少数民族的腌茶制作方法一样，通常在雨季腌制。腌茶，其实是一道菜，吃时将它和香料拌和后，放进嘴里细嚼。又因这里气候炎热，空气潮湿，而用时吃腌菜，又香又凉，所以，腌茶成了当地世代相传的一道家常菜。

印度尼西亚的冰茶。在一日三餐中，印度尼西亚人民认为中餐比早、晚餐更重要，不管春、夏、秋、冬，吃完中餐以后，不是喝热茶，而是要喝一碗冰冷的冰茶。凉茶，又称冰茶，通常用红茶冲泡而成，再加入一些糖和佐料，随即放入冰箱，随时取饮。

越南的玳玳花茶。越南饮茶风俗有些与广西相仿，他们喜欢饮一种玳玳花茶。玳玳花（蕾）洁白馨香，越南人喜欢把玳玳花晒干后，放上 3 ~5 朵和茶叶一起冲泡饮用。由于这种茶是由玳玳花和茶两者相融，故名玳玳花茶。玳玳花茶有止痛、去痰、解毒等功效。一经冲泡后，绿中透出点点白的花蕾，煞是好看，喝起来又芳香可口。如此饮茶，饶有情趣。

四、法国茶俗

自茶作为饮料传到欧洲后，立即引起法国人民的重视。17 世纪中期，在法国《传教士旅行记》中，叙述了“中国人之健康与长寿，当归功于茶，此仍东方常用之饮品。”“可爱的中国茶”由此从法国皇室贵族和有闲阶层中，逐渐普及到民间，成为人们日常生活和社交不可或缺的内容。

现在，法国最爱饮的是红茶、绿茶、花茶和沱茶。饮红茶时，习惯于采用冲泡或烹煮法，类似英国人饮红茶习俗，通常取一小撮红茶或一小包袋泡红茶放入杯内，冲上沸水，再配以糖，或牛奶和糖。有的地方，也有在茶中拌以新鲜鸡蛋，再加糖冲饮的；还有流行在饮用瓶装茶水时加柠檬汁或橘子汁的；更有的还会在茶水中掺入杜松子酒或威士忌酒，做成清凉的鸡尾酒饮用的。

法国人饮绿茶，要求绿茶必须是高品质的。饮绿茶方式，与西非饮绿茶方式一样，一般要在茶汤中加入方糖和新鲜薄荷叶，做成甜蜜透香的清凉饮料饮用。

花茶，主要在法国的中国餐馆和旅法华人中供应，其饮花茶的方式，与中国北方人饮花茶的方式相同，习惯于用茶壶加沸水冲泡，通常不加佐料，推崇清饮。20 世纪 80 年代以来，爱茶和香味的法国人，也对花茶发生了浓厚的兴趣。近年来，特别在一些法国青年人中，又对带有花香、果香、叶香的加香红茶发生兴趣，遂成为一种浪漫的时尚。

沱茶，主产于中国西南地区，因它具有特殊的药理功能，所以也深受法国一些养生益寿者特别是法国中、老年消费者的青睐，每年从中国进口量达 2000 吨，有袋泡沱茶和小沱茶等种类。

五、荷兰茶俗

在欧洲，荷兰是饮茶的先驱。远在 17 世纪初期，荷兰商人凭借在航海方面的优势，远涉重洋，从中国装运绿茶至爪哇，再辗转运至欧洲。最初，茶仅仅是作为宫廷和豪富社交礼仪和养生健身的奢侈品。以后，逐渐风行于上层社会，人们以茶为贵，以茶为荣，以荣为阔，以茶为雅。目前，荷兰人的饮茶热已不如过去，但尚茶之风犹在。他们不但自己饮茶，也喜欢以茶会友。所以，凡上等家庭，都专门辟有一间茶室。他们饮茶多在午后进行。若是待客，主人还会打开精致的茶叶盒。供客人自己挑选心爱的茶叶，放在茶壶中冲泡，通常一人一壶。当茶冲泡好以后，客人再将茶水倒入碟子里饮用。饮茶时，客人为了表示对主妇泡茶技艺的常识，大多会发出“啧啧”之声，以示敬佩。

六、英国茶俗

茶是英国人普遍喜爱的饮料，80%的英国人每天饮茶，茶叶消费量约占各种饮料总消费量的一半。英国本土不产茶，而茶的人均消费量占全球首位，因此，茶的进口量长期遥居世界第一。

英国饮茶，始于17世纪。1662年，葡萄牙凯瑟琳公主嫁与英王查尔斯二世，饮茶风尚带入皇室。凯瑟琳公主视茶为健美饮料，嗜茶、崇茶，被人称为是“饮茶皇后”。由于她的倡导和推动，使饮茶之风在朝廷盛行起来，继而又扩展到王公贵族和贵豪世家，乃至普通百姓。为此，英国诗人沃勒在凯瑟琳公主结婚一周年之际，特地写了一首有关茶的赞美诗：“花神宠秋月，嫦娥矜月桂；月桂与秋色，难与茶比美。”

英国人好饮红茶，特别崇尚汤浓味醇的牛奶红茶和柠檬红茶。伴随而来的，还出现了反映西方色彩的茶娘、茶座、茶会以及饮茶舞会等。目前，英国人喝茶，多数在上午10时至下午5时进行。倘有客人进门，通常也是在这个时间段内，才有用茶敬客之举。他们特别注重午后饮茶，其源于18世纪中期，因英国人重视早餐，轻视中餐，直到晚上8时以后才进晚餐。由于早、晚两餐之间时间长，使人有疲惫饥饿之感。为此，英国公爵斐德福夫人安娜就在下午5时左右，请大家品茗用点，以提神充饥，深得赞许。久而久之，午后茶逐渐成为一种风习，一直延续至今。如今，在英国的饮食场所、公共娱乐场所等，都有供应午后茶的。在英国的火车上，还备有茶篮，内放茶、面包、饼干、红糖、牛奶、

柠檬等，供旅客饮午后茶用。午后茶，实际上是一餐简化了的茶点，一般只供应一杯茶和一碟糕点。只有招待贵宾时，内容才会丰富。饮午后茶，已是当今英国人的重要生活内容，并已开始传向欧洲其他国家，并有扩展之势。

七、俄罗斯及东欧国家的茶俗

俄罗斯是从16世纪开始传入中国饮茶法，到17世纪后期，饮茶之风已普及到各个阶层。19世纪，俄国茶俗、茶礼、茶会的文学作品也一再出现。当时，俄罗斯上层社会饮茶是十分考究的。有十分漂亮的茶具，茶炊叫“沙玛瓦特”，是相当精致的银制品。茶碟也很别致，俄罗斯人习惯将茶倒入茶碟再放到嘴边。玻璃杯也很多。有些人家则喜欢中国的陶瓷茶具，式样与中国壶相仿，花色亦为中国式人物、树木花草，但壶身有欧洲特色，瘦劲、高身，流线形纹路带有金道。

此外，俄罗斯的亚洲部分，如外高加索地区也十分酷爱饮茶，格鲁吉亚南部还是俄罗斯著名的茶区之一。那里烹茶方式近似欧洲，但又不完全与欧洲相同。格鲁吉亚式属清饮系统，但做法有点类似中国云南的烤茶。这种泡茶法需用金属壶，饮茶时先把壶放在火上烤至100度以上，然后按每杯水一匙半左右的用量将茶叶先投放炙热的壶底，随后倒温开水冲泡几分钟，一壶香茶便冲好了。这种泡法要求色、香、味俱佳，不但看着红艳可爱，而且在烹调时闻得幽香，还要在倒水冲茶时发出噼啪的爆响。所以，要求在炙壶的火候，操作的方法上都十分精巧熟练方能取得最佳效果。这在俄罗斯亚洲地区一些民族中很流行。

东欧国家，习惯上以饮红茶为主。饮红茶时，多崇尚牛奶红茶和柠檬红茶，即以红茶为主料，用沸水在壶中冲泡或烹煮，再与糖、牛奶，或糖、柠檬为伍。当然也有清饮红茶的。俄罗斯人调煮红茶时用的俄式茶炊，做工精细，造型别致。这套茶炊包括炭炉、烟道、容器、壶、杯、碟、盘等，不下十余种。而且烹制时，强调火候调节与冲泡技巧，给人以温馨、浪漫的感觉。

近年来，东欧国家对乌龙茶和绿茶的消费也开始上升，认为从营养和保健而言，绿茶优于红茶，因此，绿茶已受到关注。1999年，在捷克开张了第一家茶馆。在茶的消费大国俄罗斯，普遍爱好的是红茶，其次是绿茶和砖茶。近年来流行乌龙茶，其饮茶方式，依人们的生活习惯和茶的品类不同，大致分为西方式和民族式。西方式饮的是牛奶红茶或柠檬红茶；民族式饮的是砖茶，它类似中国少数民族饮用砖茶风俗。烹煮时，先将砖茶打碎，投入壶中加热煮沸，再兑入牛奶、香料、盐、糖等作料，旋即续煮，重新煮沸，待茶香中溢，即滤去茶渣，入杯饮用。另有一种清饮法，主要在饮绿茶时应用，介于西方式和民族式之间，多用茶壶冲泡，少数也有酌情加糖后再饮的。

八、非洲茶俗

非洲人普遍信仰伊斯兰教，教规禁酒，而饮茶有提神清心、驱睡生津之效，故以茶代酒，蔚然成风。许多国家的人民，在向真主祈祷开始新的一天后的第一件事，就是喝茶，茶是当地的一大嗜好。

西非地区饮茶，多以消费绿茶为主。这与绿茶所具有的脍炙人口的色、香、味及怡神、止渴、解暑、消食等药理功能和营养作用是分不开的。绿茶的这种特有功效和风味，正是西非人民在特殊生活条件下所迫切需要的。

因为西非地处世界上最大的撒哈拉大沙漠境内或周围，常年天气炎热，气候干燥，那里的人们出汗多，消耗大，而茶能解干热，消暑热，补充水分和营养。加之，西非人民常年以食牛、羊肉为主，少食蔬菜，而饮茶能去腻消食，又可以补充维生素类物质。因此，这里的人民不但好饮茶，而且嗜茶为癖，饮茶如粮，不可或缺。而饮茶风俗，富含阿拉伯情调，以“面广、次频、汁浓、掺加佐料”为其特点。茶的冲泡浓度，其投茶量至少比中国多出一倍。饮茶次数，至少一天在三次以上，而且一次多杯。而客来敬茶，则与中国相同，且在大街小巷，茶馆林立，饮者甚多。

西非人民习惯饮薄荷糖茶，他们在冲泡茶叶时，多数习惯于浓茶加方糖，并以薄荷叶佐味。因茶是清香甘醇的天然饮料，糖是甘美的营养品，薄荷是解暑的清凉剂，茶、糖、薄荷三者相融，益显奇效。少数也有习惯于在冲泡绿茶时加糖后直接饮用的。

由于茶在当地人们生活中占有重要地位，所以在西非人民中，还流传着这样一首歌谣：“让他们喝来把酒夸，让他们想那好生涯，那宴乐之欢，永远轮不到咱，给咱一杯茶!”可见，茶已成了西非人民生活的一种享受。

九、大洋洲茶俗

茶是大洋洲人民喜爱的饮料，主要的饮茶国家和地区有澳大利亚、新西兰、巴布亚新几内亚、斐济、所罗门群岛、西萨摩亚等。大洋洲饮茶，大约始于19世纪初，随着各国经济、文化交流的加强，一些传教士、商船，将茶带到新西兰等地，日久，茶的消费在大洋洲逐渐兴旺起来。在澳大利亚、斐济等国还进行了种茶的尝试，最终在斐济种茶成功。

大洋洲人饮茶，除早茶外，还饮午茶和晚茶。尤其是在新西兰人的心目中，晚餐是一天的主餐，比早餐和中餐更重要，而他们则称晚餐为“茶多”，足见茶在饮食中的地位。新西兰人就餐一般选在茶室里进行，因此，当地茶室到处都有，供应的品种除牛奶红茶、柠檬红茶外，还有甜红茶等。但是，通常在就餐之前不供应茶，只有在用完餐后才给茶喝。新西兰人喜欢喝茶，所以，在政府机关、大公司等，还在上午和下午安排有喝茶休息时间。至于有客来访，或双方会谈，一般都得先奉上一杯茶，以示敬意。

第十四章
茶的保健功效

品茗轩

茗坡

（唐）陆希声

二月山家谷雨天，半坡芳茗露华鲜。
春醒病酒兼消渴，惜取新芽旋摘煎。

李时珍在《本草纲目》中写道："茶体轻浮，采摘之时芽蘖初萌，正得春生之气。味虽苦而气则薄，乃阴中之阳，可升可降。"这一记载说明了，茶的特有之处是能功能补又能入五脏，可发挥出较全的滋补作用。随着现代研究的逐步深入，发现茶叶中含有多达500余种的化学物质，主要包括：咖啡碱、茶碱、可可碱、儿茶素、黄酮类、茶鞣质、酚类、醇类、醛类、酸类、酯类、芳香油化合物、碳水化合物、多种维生素、蛋白质及多种矿物质元素。这些成分大多对人体有益，在这些有益元素的共同作用下，常可起到对人体防病、治病的疗效。

一、补充多种营养元素

经分析鉴定，茶叶内富含的500余种化合物大部分被称之为营养成分，是人体所必需的成分，如维生素类、蛋白质、氨基酸、类脂类、糖类及矿物质元素等，它们对人体有较高的营养价值。还有一部分化合物被称之为有药用价值的成分，对人体有保健和药效作用，如茶多酚、咖啡碱、脂多糖等。

1．饮茶可以补充人体需要的多种维生素

茶叶中所含维生素，按其溶解性可分为水溶性维生素和脂溶性维生素。其中水溶性维生素（包括维生素 C 和 B 族维生素）可以通过饮茶直接被人体吸收利用。因此，饮茶是补充水溶性维生素的好方法，经常饮茶可以补充人体对多种维生素的需要。

维生素 C，又名抗坏血酸，能提高人体的抵抗力和免疫力。在茶叶中，维生素 C 含量较高，一般每 100 克绿茶中含量可高达 100 毫克～250 毫克，高级龙井茶含量可达 360 毫克以上，比柠檬、柑橘等水果含量还高出许多。红茶、乌龙茶因加工的过程中要经发酵这道特殊工序，故维生素 C 受到氧化破坏从而导致含量下降，每 100 克茶叶只剩下几十毫克，尤其是红茶，含量要更为偏低一些。因此，从维生素 C 的含量来看，绿茶档次越高，其营养价值也相对增高。每人每日只要喝 10 克高档绿茶，就能满足人体对维生素 C 的日需要量。

B 族维生素中，维生素 B_1 被称为硫胺素，B_2 称为核黄素，B_3 被称为泛酸，B_5 被称为烟酸，B_{11} 被称为叶酸。这些 B 族维生素被医学界誉为智力活动的助手，当 B 族维生素严重不足时，就会引起精神障碍，易烦躁，思想不集中，难以保持精神安定等症状。而实验表明，经常饮茶，对改善脑营养供给很有益处，茶中富含的 B 族维生素有消除疲劳、提神、稳定精神、防止贫血和癌症等功效。

但是在日常饮茶时需要注意一点，由于脂溶性维生素难溶于水，用沸水冲泡茶脂溶性维生素难以被吸收。因此，医学界现今比较提倡适当用“吃茶”这种方式来弥补这一缺陷，即将茶叶制成超微细粉，添加在各种食品中，例如含茶的豆腐制品、含茶的面条、含茶的糕点、含茶的糖果，甚至是含茶的冰淇淋等。吃了这些茶食品，则可获得茶叶中所含的脂溶性维生素的营养成分，更好地发挥茶叶的营养价值。

2. 饮茶可以补充人体需要的蛋白质和氨基酸

有数据表明，茶叶中能通过饮茶被直接吸收利用的水溶性蛋白质含量约为2%，大部分蛋白质为不溶水性物质，存在于茶渣内。茶叶中的氨基酸种类丰富，多达25种以上，其中的异亮氨酸、亮氨酸、赖氨酸、苯丙氨酸、苏氨酸、缬氨酸是人体必需的八种氨基酸中的六种。茶叶中，还包含有婴儿生长发育所需的组氨酸。这些氨基酸在茶叶中含量虽不高，但可作为人体日需量不足的补充。

3. 饮茶可以补充人体需要的矿物质元素

茶叶中富含人体所需的大量元素和微量元素，其中的大量元素主要是磷、钙、钾、钠、镁、硫等，微量元素主要有铁、锰、锌、硒、铜、氟和碘等。茶叶中含锌量较高，尤其是绿茶，每克绿茶平均含锌量达73微克，高的可达252微克；每克红茶中平均含锌量也有32微克；茶叶中铁的平均含量，每克绿茶中为123微克；每克红茶中含量为196微克。这些元素对人体的生理机能有着重要的作用。经常饮用茶水，是获得矿物质元素的重要渠道之一。

二、饮茶可强身健体

1. 喝茶可保护心脏

有一项研究结果表明，每天至少喝一杯茶可使心脏病发作的危险降低44%。喝茶之所以具有如此有效的作用，是由于茶叶中含有大量类黄酮和维生素等可使血细胞不易凝结成块的天然物质。类黄酮还是最有效的抗氧化剂之一，它能够抵消体内氧气的不良作用。近一个时期以来，科学家们对发现类黄酮潜在的一些有益作用感到兴奋。据资料显示，类黄酮还存在于蔬菜和水果中，它对心脏保健的益处与红葡萄酒同样有名。

哈佛大学医学院附属布里格姆妇科医院的心脏病专家迈克尔·加齐阿诺博士在一次会议上介绍了他的研究结果。这项研究包括常见的红茶，以及与红茶进行对比的绿茶、草药茶。他指出，红茶中的类黄酮含量比绿茶多，而草药茶中没有发现含有任何类黄酮。布鲁克·邦德茶叶公司健康研究部的负责人、生化学家保罗·昆兰也曾说过，其他一些研究已表明，在茶中加牛奶、糖或柠檬不会减弱类黄酮的作用。而且，喝热茶或凉茶、用散装茶叶、袋茶还是制成颗粒状晶体的茶，都对类黄酮的含量没有影响。

2. 多饮茶可防慢性胃炎

近年来，幽门螺杆菌（HP）感染已成为全球关注的公共卫生问题。

幽门螺杆菌是世界上感染率最高的细菌之一，是慢性活动性胃炎的直接病因。为进一步探索和揭示胃病患者HP感染的危险因素，杭州市卫生监督所和浙江大学医学院附属第一医院课题组，调查分析了浙江省胃病患者HP感染的主要影响因素。调查发现胃病患者总HP感染率为50.21%，通过对484位胃病患者生活与健康状况的流行病学调查研究揭示：

男性病例组人均每日重体力劳动时间明显多于对照组；

同胞、父母及其同胞、子女和孙子女中有肝病史的人数也明显多于对照组；

喜欢吃辣的食物与HP感染明显相关；

吸烟年数和吸烟量也会明显增加HP感染的危险性；

而喜欢吃豆类食物、饮井水、平时吃饭定时则与HP感染明显呈负相关；

经常饮茶明显会减少HP的感染，饮茶的年数越长和饮茶量越多，则HP阳性者越少；

文化程度高低也与HP感染呈负相关；

女性病例组喝含有咖啡因的饮料会增加HP感染的危险性；

而做胃镜的次数多则会减少HP的感染。

研究人员综合性别因素后提出，喜欢吃蛋类和喜吃辣食物者为HP感染的危险因素，而做胃镜次数多、喜欢吃豆类和饮茶年限长则为其重要保护因素。经常保持饮茶习惯，可助人身体健康，这已成为公认的观点。

3. 白茶可预防脑血管疾病

脑血管疾病是现代人较常见的疾病，其发病率之高，已严重影响人体健康和困扰着现代人的生活。如若治疗不及时可导致

"半身不遂"，后果不堪设想。脑血管疾病包括脑栓塞、脑血栓形成及脑出血等，这些疾病已成为现代人的常见疾病。其病因主要由于人体血液处于高凝状态，红细胞聚集，血流缓慢而形成血栓，或使血管壁的脆性增加，经外界不良因素的刺激，血管破裂而导致出血。

脑血管疾病是可以预防的。近年来经过大量的临床研究证明，长期饮白茶可以减少其发病率。浙江医大的一位著名教授经过多年临床观察得出如下结论：血栓形成的病理改变已关系到人类一系列疾病的发病机理。同时，他指出，高凝状态是血栓形成的重要条件，纠正血液凝固状态异常，寻找有利和有效的抗凝、溶栓药物将为身体健康和临床治疗开辟新的途径。而白茶具有抗凝和促进纤溶作用，能改变高凝状态，且没有一般抗凝药物的副作用，对增进健康和预防疾病具有显著作用。

某中医研究所曾对茶叶（含白茶、乌龙茶、福建绿茶）进行研究并证实，茶能降低血液黏度。白茶饮服2~3周后，全血黏度从4. 77降至4. 31（P<0. 01）；血浆黏度从1. 66降至1. 58（P<0. 01）；全血还原黏度从8. 58降至7. 97（P<0. 01）。三项血液黏度全面下降，表明白茶能降低血液黏滞性，降低血液高凝状态，增加血液流动性，改善循环并防止血栓的形成。研究还发现，白茶还能防止红细胞聚集。红细胞在血液中呈分散状态，红细胞膜表面带负电荷，若膜电荷减少使血细胞相互排斥力减少，则红细胞发生聚集。服用白茶后，明显增加红细胞电荷，降低红细胞之间的聚集作用，还可使已聚集的红细胞分散，有利于降低血液粘度，有效地防止了血栓的最终形成。

一般情况下，脑出血多数与毛细血管抗力降低、动脉硬化及高血压有关。有实验表明，检测到的35例脑血管病患者的毛细血管脆性，多数在服茶后，其毛细血管脆性均有不同程度的改善，毛细血管脆性降低，抗力则会增加。白茶有降低毛细血管脆性、增加抗力从而减低出血问题，这对脑出血等疾病的防治有一定作用。

通过研究证明饮白茶（含其他茶）可改善血液循环、抗凝和促进纤溶，有预防脑血栓形成、减少脑出血的积极作用。因此，在日常生活中，对中老年人应提倡饮茶，坚持饮茶，以白茶、绿茶（茉莉花茶）、青茶为主，既可强身抗老，又可预防脑血管疾病的发生。

4. 饮茶可降胆固醇

血脂过高是因为血液中的胆固醇、三甘油酸酯含量高于正常水平。血脂过高已是现今老年人的常见病。医学临床证明，胆固醇中的低密度（LDL）、超低密度（VLDL）属于有害胆固醇，具有促进人体动脉粥样硬化的作用，加快人体的衰老。

据此，有过很多的临床试验，以证明长期饮茶可降低胆固醇的发病率。法国国立健康和医学研究所曾经进行临床试验，让20多名血脂含量高的病人每天喝一杯云南沱茶。两个月后，病人平均血脂含量下降22%。我国昆明医学研究所也曾经对血脂含量高的病人进行过临床实验，病人每天饮用15克沱茶茶汤。一个月后，病人的血脂明显下降。以色列科学家对六个工厂中650名工人进行的流行病学调查证实，喝咖啡的量越多胆固醇含量越高，而每天坚持喝5杯茶或5杯以上的人，胆固醇的含量水平比不喝茶的人平均低5毫克/分升。而挪威科学家则对7710名男人和

8222名女人的流行病学调查证实，其结果与以色列类似。可见，饮茶能降低血浆中总胆固醇和低密度胆固醇的含量。

目前研究认为，喝茶去脂降胆固醇是因为以下原因：

第一，茶中的咖啡碱与磷酸、糖等物质形成核苷酸，核苷酸对食物的代谢起到了重要的作用，核苷酸有很强的脂肪分解能力；

第二，茶中的咖啡碱提高胃酸和消化液的分泌量，增强肠胃对脂肪的消化和吸收能力；

第三，茶中的儿茶素类化合物能加快脂肪的分解，防止甾醇与中性脂肪的积累；

第四，茶中叶绿素阻碍胃肠道对胆固醇的消化和吸收，叶绿素破坏进入肠、肝循环中的胆固醇，使胆固醇的含量降低。

5. 饮茶可增强人体免疫力

人体的免疫系统可抵抗外来微生物的侵袭，保持人体的健康。人体免疫防御系统是通过免疫球蛋白体形成的，可识别入侵的病原，再由白细胞和淋巴细胞产生抗体和巨噬细胞对病原进行围歼。

而经常饮茶能够提高人体中白细胞和淋巴细胞的数量和活力，能够促进脾脏细胞中白细胞间介素的形成，提高人体的免疫力。我国的中山肿瘤研究所就曾用小白鼠进行科学试验，试验结果证明，用绿茶撮物饲喂小白鼠后，能使其骨肉瘤引起的细胞免疫功能低下的现象得到有效改善，甚至能恢复到正常水平。绿茶撮物能使小白鼠的脾脏抗体产生细胞的数量明显增加，喂饲组比对照组几乎增加了50%。

医学证明，人体消化道的免疫力和微生物区系构成有很大关系，消化道中有益细菌和有害细菌种群数量的起伏，决定着肠道免疫力功能。而经常饮茶能够使消化道内双歧杆菌增殖，对其他肠道内有害细菌具有杀伤和抑制作用。这说明，喝茶对提高人体肠道疾病的免疫力有一定的益处。

6. 茶可防龋齿和流感

茶中含有氟，氟离子与牙齿的钙质有很大的亲和力，能变成一种较为难溶于酸的“氟磷灰石”，就像给牙齿加上一个保护层，提高了牙齿防酸抗龋能力。也正是因为这个原因，现在很多牙膏都加进了茶的成份，不仅有了茶香而且会让牙齿更健康。

另外，茶叶中的儿茶素具有抑制流感病毒活性的作用，坚持用茶水漱口可以有效地预防流感。春秋季节是流感易发作的时期，流感病毒主要附着在鼻子和嗓子中突起的黏膜细胞上而且不断增殖而致病。经常用茶水漱口，儿茶素能够覆盖在突起的黏膜细胞上，防止流感病毒和黏膜结合并杀死病毒。据资料介绍，乌龙茶、红茶和日本茶中都含有儿茶素，相对而言，绿茶预防流感的效果最好。

7. 饮茶抗白血病、抗癌

1945年8月，广岛和长崎原子弹爆炸幸存的人群中受到不同程度的核辐射，大多患了白血病或其他癌症后相继死亡。但是，事后调查发现，这其中有三种人受到了核辐射却没有患白血病或其他癌症：茶农、茶商和长期饮茶者。这一奇怪现象被医学界称为“广岛现象”。可见，长期饮茶具有抗辐射作用。

中国学者曾用致癌物喂养小白鼠，一组饮用绿茶水，另一组饮用白开水。半年后，没有饮绿茶水的小白鼠组都患了胃癌，饮用绿茶水的小白鼠组极少数发生了胃癌病例。根据目前掌握的情况分析可得出，饮茶能够抗白血病、抗癌，这是因为茶中的儿茶素能够中和放射性锶，甚至吸出深入到骨髓中的锶。儿茶素还具有减少放射性的生物学效应。茶叶对于亚硝胺致癌有对抗性作用，茶能减少亚硝胺的合成。

茶含锰、硒等微量元素，锰具有防癌抗癌的作用。茶能增强人体的免疫能力，从而抑制细胞突变，甚至直接杀伤癌细胞。例如，在珍宝岛自卫反击战中，为了防辐射损伤，原苏联军人身上均携带着茶的浓缩干粉末。由此看来，茶汤对钴射线也有一定的防护作用。

8. 饮茶防治动脉粥样硬化

血脂增高会引起人体肥胖。血脂沉积在血管壁上引起动脉粥样硬化等症。饮茶能够防治动脉粥样硬化，每天坚持饮茶，能够防治动脉硬化。目前研究认为，饮茶防治动脉粥样硬化与茶多酚、维生素、氨基酸等成分有关，尤其是茶多酚类对脂肪代谢起到了重要的作用。

人体脂肪代谢的紊乱是肝病患者动脉硬化的重要原因，茶中的多酚类物质能防止血液和肝脏中胆固醇及烯醇类和中性脂肪的积累，能够防止动脉和肝脏硬化。茶色素是茶叶煎煮后产生的茶多酚氧化物，具有很好的防治动脉粥样硬化的效果。茶色素具有对抗纤维蛋白原对血的凝固作用，一定数量的茶色素能使纤维蛋白原推动凝血功能。

浙江医科大学附属第二医院在临床实践中发现，茶色素对120名高脂血症伴纤维蛋白原增高病人有明显的抗纤溶作用，而且没有副作用。而同样，用丹参治疗的病人则有效率仅为55%。可见，茶叶比丹参有疗效。茶叶中的胆固醇能调节脂肪代谢，从而降低血液中的胆固醇，防治动脉粥样硬化。茶叶中的维生素C、叶酸，泛酸、肌醇、蛋氨酸、卵磷脂、胆碱等，都具有防治动脉粥样硬化的作用。

9. 饮茶防治肝囊

自古人们就知道，茶能清热解毒。随着现代科技的推进，人们逐步认识到，茶中的儿茶素能防止血液、肝脏中的胆固醇、中性脂肪的积累，因此饮茶能够清肝。据资料介绍，茶中的某种儿茶素已经被国外研制成肝脏保护剂，对慢性肝炎具有较好的防治功效。

儿茶素有利于人体肝脏，尤其是对烟、酒等的刺激有解毒功效，饮茶具有明显的护肝作用。肝脏的解毒功能主要取决于蛋白质，茶叶中的蛋白质含量较高，每百毫升茶汤约含 100～200 毫克蛋白质，饮茶在一定程度上能加强肝脏的解毒功能。

10. 饮茶防治坏血病

维生素 C 又叫抗坏血酸。缺乏维生素时引起齿龈、肌肉、关节囊、浆膜腔等处出血，又叫“坏血病”。特别在海战和航海中，由于缺少或者断绝含维生素 C 食物的供给而极易发生坏血病症，通常经过饮食茶叶，可以有力地使患者得到防治。

每 100 克绿茶中含维生素 C 180 毫克，正常浓度的茶汤每 100 毫升含维生素 C 2～4 毫克。维生素 C 在人体内参与许多氧化还原反应，并且有维持血管功能和提高机体抵抗力的作用。有资料表明，茶汤中含有多种黄酮醇、黄烷醇及其苷类衍生物，能帮助人体吸收维生素 C，增强微血管的坚韧性，起到防治坏血病的效用。

11. 饮茶防治眼病

饮茶具有“明目”、“清头目”的功效，在《茶谱》、《神农本草经》、《本草通元》、《本草备要》等古书中都有记载，明目就是饮茶对眼的视觉功能具有保健和治疗的作用。在前段时期荧屏比较流行的电视连续剧《大宅门》中，白景琪每天清晨都会用茶水涂抹在眼皮上并且高声说：“茶能明目”，这不无道理。

茶所含的维生素类，特别是胡萝卜素、维生素 C、维生素 B_1 等是维持眼睛生理功能必不可缺的元素物质。这些元素物质对眼睛的保健功能十分重要。茶叶中的胡萝卜素含量很高，每克茶中

约含54.6微克。茶中含有的胡萝卜素在人体内转化成维生素A，在眼睛的视网膜和蛋白质合成紫红质，从而增强视网膜的感光性，能够防治夜盲症，经常喝茶就是在这种元素物质的作用下“明目”的。

连续看几个小时电视，视力将暂时下降30%左右。看彩色电视比看黑白电视更能消耗眼中的视紫红质，引起视力减弱。眼睛在暗光下看东西主要靠圆柱细胞中的视紫红质的功用。经常看电视的人视紫红质消耗很多，若不及时补充大量的维生素A，会使视力减退，甚至引起夜盲症的发生。

经常看电视的人应该多饮富含维生素A原的绿茶，每喝一杯茶相当于摄入2~3微克的维生素B_1。维生素B_1是维持神经生理功能的重要营养物质，长期饮茶能够防治视力模糊、眼睛干涩等症状。此外，空气污染的化学刺激，出入电影院、咖啡厅等空气污浊的场所或是公共游泳池，都很容易引起眼睛疾病。如果在晨起时，发现眼白污浊、充血、有眼屎，或晚上在灯光下工作，眼睛感到酸涩，只要把刚泡好的绿茶拿来冲洗眼睛，就可以收到良好的效果。因为绿茶具有消毒、杀菌的作用，所以对治疗眼疾颇有助益，酸涩的眼睛也会逐渐缓和。每100克茶中约含1200微克维生素B_2，比大豆约高5倍，比瓜果类约高60倍。每喝一杯茶相当于摄入20微克的维生素B_2，维生素B_2是维持视网膜正常功能必不可缺的活性成分。饮茶能够防治角膜混浊、眼睛干涩、视力减退等症。

12. **饮茶防治糖尿病**

糖尿病患者的病症是血糖高，口干、口渴，浑身乏力。实验表明，饮茶可以有效地降低血糖，且有止渴、增强体力的功效。糖尿病患者一般宜饮绿茶，饮茶量可稍增多一些，一日内可数次泡饮，使茶叶的有效成分在体内保持足够的浓度。饮茶的同时，可以吃些南瓜食品，这样会有更好的增效作用。一个月为一疗程，通常可以取得很好的疗效。我国古人就有以茶为主要原料来治糖尿病的验方，例如绿茶罗汉果汤、绿茶玉米须汤、绿茶石斛汤等。

日本也曾有医生采用30~100年老茶树的芽叶制成“薄玉茶”（茶末）治疗糖尿病。“薄玉茶”的咖啡碱含量少，不会引起失眠。治糖尿病时用1．5克“薄玉茶”加40毫升沸水，每天分

三次饮用。患者口渴症状会逐渐减轻，夜间排尿次数明显减少，随之尿糖含量减少或者完全消失。经过临床观察，“薄玉茶”治疗轻、中度糖尿病的效果很好。糖尿病患者在饮用冷茶水治疗后，9% 的患者能够治愈，82% 的患者病情减轻。曾经有家医院用 70 年以上的老茶树叶（又叫宋茶）治疗糖尿病，有效率竟高达 70% 。江苏茅麓茶场制成了类似“薄玉茶”的茶汤药剂。糖尿病人每次饮用 3 克，每天 3 次，使轻、中度患者的尿糖明显降低或者消失，有效的缓解了重症病人的病情。

糖尿病人还可以饮冷水茶，用 200 毫升冷开水浸泡 10 克绿茶，浸泡2~4小时后饮用。这是因为，茶中的多酚类、酯类能促进胰岛素的合成，茶中的多糖类物质有去除血液中过多糖分的积极作用。

日本伊藤园株式会社曾从茶中提取出一种水溶性多糖化合物，对100名糖尿病患者进行了临床试验。连续服用6周后，患者的临床表现都有显著改善。茶中的水杨酸甲对减轻糖尿病很有疗效；茶中的维生素C对糖尿病微血管脆弱有利；茶中的氨基酸等能促进胰液分泌，使血糖来源减少，有助于降低血糖。

三、茶的抗衰老作用

茶叶有益于人体健康，具有抗衰老的作用，这一作用被中国的古人通过长久观察和临床实践很早就已知晓并早有记述。《神农食经》就曾记载有“久服令人有力悦志”，在《杂录》中也曾记载有“苦茶经轻身换骨”之功效。

现代研究证实，茶叶中含有的人体所必需的化学成分，对某些疾病确实具有疗效。每天饮茶摄入即使量少，但经常补充这些物质，对人体可起到营养和保健的作用。故茶叶现在被称之为天然保健饮料，这样看来的确是名副其实，一点也不为过。

按照中国传统医学的解释，茶叶性味甘苦，微寒无毒，入心肺胃经，有驱散疲劳，清思明目之功效；还可生津止渴，利尿止泻；而且还具有治咳平喘，清热解毒，消食减肥等作用。现在，茶更多的则被用于防治高血压、高脂血症、肥胖症、冠心病，治疗消化不良、泻痢；对于精神不振、思维迟钝也有一定效果；此外，茶还可用于治疗水肿尿少，水便不利和痰喘咳嗽，等等。

茶叶中富含的微量元素锰、锌、硒、维生素 C、P、E 及茶多酚类物质，被医学证明能清除氧自由基，可抑制脂质过氧化。这样看来，古人论饮茶的保健功效的确有其医学基础，经常饮茶确有延年益寿之功效。

四、女性饮茶有助怀孕

近年来，医学家发现，育龄妇女每天饮一杯茶，可以大大增加受孕机会。有报告说，茶叶中的某种成分可以帮助受孕卵子度过受孕后至关重要的头几个星期。尽管科学家目前还不能解释其中的原因，但他们确信，饮茶可以促进精子与卵子的有效结合。

五、饮茶可防菌

1. 防细菌性食物中毒

医学试验已经证实了茶叶中的茶多酚具有杀菌作用，伤寒杆芮、霍孔弧菌、痢疾杆菌等若在茶汤中浸泡数分钟，其活力大减。

茶多酚中的主要成分儿茶素类物质，能够杀灭或抑制大肠杆菌、金黄色葡萄球菌、霍乱弧菌、肉毒杆菌、肠炎沙门氏菌等诸多细菌。值得注意的是，日本昭和大学医学系教授岛村忠胜先生所做的试验表明，茶叶中的儿茶素类物质还具有杀死 0157 病原性大肠杆菌的功效。岛村忠胜发现 1 毫升的绿茶茶水在数小时内可以杀死 1 万个 0157 病原性大肠杆菌，由此他认为，关键是茶叶中的儿茶素能够破坏 0157 细菌的细胞膜，而最终导致其死亡。

在六大茶类（绿茶、红茶、青茶、黄茶、白茶、黑茶）中，由于绿茶中茶多酚的含量最高，故而茶多酚中的主要物质儿茶素含量也相应较高，所以绿茶的抗菌杀菌作用也最强。据有关资料报道，绿茶对霍乱弧菌和痢疾杆菌的抑制和杀灭作用与黄连素不相上下。我们日常通过饮茶，尤其是饮绿茶，可以摄取较多的儿茶素。在一般情况下，冲泡茶叶时大约有30%～50%的儿茶素溶于茶水中，一杯绿茶约含有50～100毫克的儿茶素。因此，常饮绿茶对预防细菌引起的食物中毒大有裨益。

2. 饮茶抗过敏

由于现代化工业的快速发展，空气中夹杂着大量污染物。在春秋季或者植物开花季节，空气中会夹杂和漂浮着大量植物花粉。这些物质进入人体后会释放出组织胺，使毛细血管通透性增加，人体出现红疱、奇痒难忍等过敏症状，甚至有人对牛奶、海鲜、灰尘颗粒等也有不同程度的过敏症状反映。

一些抗过敏的药物都能阻止组织胺的释放。临床实践证明，茶叶就具有阻止组织胺释放的作用，其中儿茶素类化合物是抗过敏活性的主要成分。用0.01%的茶撮液作为抗过敏药物，与其他抗过敏药物具有同等的效率。其中，发酵的红茶抑制组织胺的释放效果最好，用0.5毫克/毫升的剂量使组织胺释放的抑制率高达90%以上，半发酵的乌龙茶的抑制效果在70%～85%之间，不发酵的绿茶与前两者比起来抑制效果比较弱。

3. 饮茶可抑菌

茶中的茶多酚和鞣酸作用于细菌，能凝固细菌的蛋白质，将细菌杀死。可用于治疗肠道疾病，如霍乱、伤寒、痢疾、肠炎等。

甚至对皮肤生疮、溃烂流脓，外伤破皮，用浓茶冲洗患处，有消炎杀菌的积极作用。

对于口腔发炎、溃烂、咽喉肿痛等小疾，用茶叶来治疗，也有一定的疗效。

对茶的抑菌御毒作用的实验表明，茶汤达到一定浓度，对细菌的繁殖就有抑制作用，但不同的茶，抑菌的效果是不一样的。不发酵茶和发酵茶的茶汤都有抑菌的作用，但不发酵茶的抑菌作用明显强于发酵茶，也就是说，绿茶茶汤的抑菌作用强于红茶；同一茶类，不同级别的茶叶茶汤的抑菌作用也不同，高档茶叶强于低档茶叶，这主要是高档茶茶汤中的水浸出物含量高；同一茶类，不同品种的茶叶，茶汤的抑菌作用也不同，云南大叶品种茶叶茶汤抑菌作用强于中小叶品种茶叶，这是因为大叶茶内含物质多于中小叶种茶。因此，茶汤中水浸出物的含量偏高。

六、饮茶可明显改善记忆力

英国科学家发现，普普通通的茶叶是改善记忆力的“良品”。实验表明，多喝茶能使人的大脑更健康，还能预防因衰老引起的记忆力减退和阿尔茨海默症（俗称为老年性痴呆症）等症状。这是因为茶叶中的一些化学成分能有效防止一种神经传递素——乙酰胆碱的过度缺失，从而有助于记忆力的保持。

有关研究发现，在阿尔茨海默症患者的脑部，乙酰胆碱水平非常低。因此，在治疗这一病症时，要促使病人脑部的乙酰胆碱恢复到正常水平才可。而茶叶中所富含的化学物质正好可以保持脑部的乙酰胆碱量，不会使乙酰胆碱量下降到太低的水平。

七、适合小儿的苹果茶

做法一：用一个约 90～120 克的鲜苹果，放入三碗水，煎成两碗汤时效果最佳，以汁浓为宜。每日一剂，不拘时，代茶频饮之即可。

做法二：鲜苹果适量，去皮切片烘干，研成干粉备用。每日 30～45 克，一天分三次，用温开水冲服。婴幼儿可取干苹果粉 30 克置保暖杯中，加适量白糖调味，冲入沸水适量，不拘次数，频频代茶温服健脾止泻。

李时珍就曾记载过："林檎即奈之小而国者。"用以说明苹果性味酸、甘、平，而自古苹果就被喻为"药用为整肠止泻剂，用其干燥粉剂，止泻效果尤佳。"苹果营养丰富，药用功能为益气健脾、涩肠止泻等。

对于小儿来说，苹果茶有利于小儿慢性腹泻属脾虚症者，如经常大便溏薄，甚则完全不化，食荤腥油腻之品则加重时，伴有腹胀纳减、疲乏神倦、面色萎黄、舌淡苦白等症状。但是有一点需特别注意，伤食泻或湿热泻者不宜服用苹果茶。

八、药茶的优点

药茶，是把具有养生功效的食物或中草药与茶叶放在一起使用，能够保健养生、防病治病，有利于身体健康。虽然药茶不是药材，但与中药相比具有如下优点：

经济。药茶中的药物分量相对来说比较少，一剂药茶不仅省钱而且比较经济实惠。中药的药物含量则较多，约在 150 ~ 250 克左右。药茶能节省大量药物，而且相对来说，也可起到一定治病强身的作用。

副作用少。药茶往往取材于食物或者性味平和的药物，由于所含的药量少，大多无副作用，甚至长期饮用也安全可靠。

疗效显著。药茶性味平和，而且饮用起来比较方便，故长期饮用后有效成分在人体内能达到量化标准，能够收到显著疗效。

方便。药茶可以随泡随饮，没有时间上的限制，且便于携带，可根据自身情况选择药茶种类。药茶大多只需开水冲泡即可服用，饮用温度容易掌握。而中药往往需要长时间煎熬，不适于随时随地饮用。

茶叶不饮亦有用

一、残茶的妙用

在日常生活中，经常有泡饮过的茶叶或因为种种原因不能再饮用的茶叶，弃之可惜。随着大众对生活质量要求的提高，人们逐渐发现残茶也有利用价值。残茶可去腥味和葱味：如果器皿中有鱼腥味，可将残茶放在其中煮数分钟，便可去腥味；有腥味或葱味的菜锅，可直接用湿茶叶擦洗，再用清水冲净，即可除掉腥味或葱味。

残茶可保持物品清洁：用残茶叶擦洗有油腻的锅碗、木质或竹质桌椅，可使物品更为光洁，而且有清洁杀菌之功效。长期使用此方法，物品将如新的一样。

残茶可去潮：由于茶叶特有的吸附作用，可以把残茶叶晒干，均匀的铺撒在房间阴暗潮湿处，能够去潮气。

残茶可除异味：把晒干的残茶叶置于冰箱内，能消除冰箱中的异味。

残茶可提高睡眠质量：将平常泡过的残茶叶收集晒干，填充枕芯，不仅松软舒适，还可去头火，对高血压患者、失眠者有辅助疗效；可有效地疏风清热，防止眩晕头疼；有安神醒脑之功效，适用于读书的学生。但是应注意的是，这种枕芯容易受潮，需要经常晾晒。

残茶可去尘：茶叶特有的吸附作用不但可以吸收水份，还可以吸附灰尘，比较方便快捷。把微湿的残茶撒在地毯或路毯上，再用扫帚拂去，茶叶能带走全部尘土。残茶可浇灌植物：将残茶浸入水中数天后，浇在植物根部，可以促进植物生长。但是一定要注意，不要把茶叶同时倒在花盆里，时间久了会腐烂、有异味、生虫。

残茶可喂养幼虫：残叶还可以用来喂养刚出的小蚕，这也算是典型的"茶食"用途了。小蚕食后，很健康的成长。

残茶可除恶臭驱蚊虫叮咬：把残茶叶晒干，放到厕所或沟渠里燃熏，可消除恶臭。而且将燃烧的残茶放在卧室燃烧一会儿，将具有驱除蚊蝇、防蚊虫叮咬的作用。

残茶可除脚臭：将晒干的残茶渣做鞋垫，可清除湿汗臭味，从而减少脚臭的烦恼。如果坚持用浓茶水洗脚，脚气不用涂抹药物自然会好，而且不再犯。

残茶可减轻灼伤痛感：手指灼伤后，如果这时有残茶，可浸在残茶中几分钟，有缓解灼痛感之功效。

残茶对口腔有保护作用：尤其是在吃了生葱、蒜以后口腔内会有异味，咀嚼残茶渣一会儿即可消除葱、蒜异味。饭后用喝剩的茶水漱口，可漱去有害微生物。让茶水在口腔内反复运动，能清除牙垢，提高口唇轮匝肌和口腔黏膜的生理功能，增强牙齿的抗酸防腐能力。此外，口臭使人苦恼，如果用残茶每天漱口三次，就可消除这种烦恼，还清新口气。

残茶可去污：用残茶擦洗镜子、玻璃、门窗、家具、胶质板以及皮鞋上的泥污，去污效果极好。而且用残茶擦洗油铅、面盆、盘、碗、油漆家具等效果明显，洗完后如新品一样。如果不小心衣物被鸡蛋蛋清或蛋黄污染，用清水不易洗掉，这时用残茶水浸泡一会儿即可洗干净。

残茶可洗头：用茶叶水洗头，久之，就能使头发乌黑发亮，可去头屑瘙痒。

残茶可去衣服上的油渍：如果深色衣服上有油渍，用残茶渣搓洗数次，能有效地达到去污的功效。

残茶可去烟味：将残茶加热可清除屋内呛人的烟味。

二、人在旅途，茶叶做“药”

喜欢饮茶的人，出门旅行，茶叶也是必不可少的随身物品，走到哪儿，就喝茶到哪儿。其实对于在旅途中的人，茶叶除了是非常好的解渴、解疲、解毒饮料之外，茶叶还可以有更多的妙用。

1. 止腹泻。旅游中若吃了不卫生的食品，往往会引起腹泻，不光观风景的心情被破坏了，身体也在旅途中更显疲惫。此时可多次冲泡茶大量饮服，对防治腹泻有一定的疗效。

2. 晕车药。容易晕车晕船的人，可用半杯浓茶汁加入两匙酱油拌匀后饮服，对防止晕车晕船有较明显的作用。

3. 洗头液。旅游中，需要整天跋涉奔波，一天下来满头灰尘，头发会显得异常干枯。用茶水洗头发，可使头发柔软光亮恢复如初，而且头脑也会更清爽。

4. 感冒药。旅游中最担心孩子会受凉感冒咳嗽，如果在旅途中出现感冒症状，用冰糖泡浓茶（最好是绿茶）饮服，可减轻感冒症状。

5. 安定剂。孕妇在旅途中会时常出现恶心、呕吐等妊娠反应，这时可以咀嚼点干绿茶，以减轻这些反应。

6. 日晒霜。旅游中，若皮肤总是在日光下曝晒，容易出现晒红、红肿、暴皮现象。在发现有晒红的迹象出现时，可用凉的浓茶汁涂抹在被晒红处，皮肤灼热疼痛之感便会渐渐消失。

7. 清凉油。旅游中若在草木茂盛的地方穿行，易被蜂蜇虫咬，引起皮肤红肿热痛或痒痛不止。此时可将茶叶用嘴嚼烂敷在红肿处，有消肿、止痛、止痒的作用。

三、隔夜茶也有益

近年来医学界研究发现，隔夜茶如使用得当，对人体有一定益处。因隔夜茶里含有丰富的酸素和氟素，可阻止毛细血管出血，如患口腔炎、舌痛、湿疹、牙龈出血、皮肤出血等症都可用隔夜茶来医治，既简单又经济。另外，眼睛出现红丝或习惯性见风流泪，如能坚持每天用隔夜茶洗眼数次，可起到一定治疗作用。

此外，每天早上刷牙前后或吃饭以后，含漱几口隔夜茶，不仅可以口腔清新，最主要的是茶中的氟素可以起到固齿作用。隔夜茶可用来洗头，可有效地止痒、生发和清除头屑，使头发顺滑飘逸。如感觉眉毛稀少，总有脱落现象发生，可坚持每天用刷子蘸隔夜茶刷眉，日子久了，眉毛自然会变得浓密光亮。

四、巧用茶叶平添生活乐趣

用茶叶存鲜蛋：把泡过的茶叶渣晒干，将鲜蛋埋在干燥的茶叶渣中，放在干燥阴凉处，鲜蛋两三个月不会变质。

茶叶除油漆味：新买的木质家具，一般都有刺鼻的油漆味，用茶水彻底清洗一遍，油漆味自然淡去，多洗几次便会消失。

茶叶除烫痕：桌面不慎被烫后会留下明显痕迹，可泡浓茶，用软布蘸茶水擦拭即消。

茶叶治牙痛：将茶叶 3 克用开水泡 5 分钟左右，滤出茶叶，再加入 1 毫升陈醋，每日冲饮 3 次，可缓解牙痛。

茶叶洗毛衣：用茶水洗毛衣或毛线，可起到不褪色的作用，并可延长衣服的使用寿命。把茶叶放进热开水中，待茶叶充分泡透水温凉后，滤出茶叶，把毛衣或毛线在茶水中充分浸泡 15 分钟后，再用清水漂洗干净晾干，即可如新的一般。

茶叶治肿毒：出现无名肿毒时，可将茶叶捣烂敷于患处，日子久了便可起到消肿消炎的作用。

茶叶可保鲜肉类食品：将肉类食品放入浓度为 5% 的茶水中，浸泡片刻后再装柜冷藏，肉类的保鲜效果会更好。

茶叶治日光皮炎：过度曝晒太阳后会出现皮炎，这时可将茶叶捣烂敷于患处，几天即可复原，不会再有灼伤感。

茶叶可治烫伤：轻度烫伤或烧伤时，如果能够及时地将浓茶涂抹于伤处，不仅有较好的止痛效果，而且可以防止液体渗出，有利于伤口的日后愈合。

茶叶可防皮肤裂：因寒冷或干燥致手脚皮肤裂口时，可将少量茶叶嚼碎敷在裂处，用纱布或胶布包好，裂口会很快愈合，也会减少疼痛感。

五、喝过酸奶，茶水漱口

酸奶中包含鲜奶中的所有营养成分，除此外，酸奶还含有鲜奶中不具备的一种成分——乳酸。乳酸不仅对人的口感有细化舒服的适口感，更大的作用则在于有助于消化，极易于人体吸收。同时，还可抑制肠胃中的有害杂菌繁殖。但是，这种乳酸对牙齿的珐琅质会起到腐蚀的破坏作用。时间久了，珐琅质逐渐产生裂纹，会造成牙齿全部脱落。牙齿失去珐琅质的保护，必然会减少寿命，还会产生黄斑。牙齿被乳酸腐蚀后，用刷牙的办法是无法防止乳酸腐蚀，最简单的办法就是在喝完酸奶后及时用茶水漱口。因为茶中富含的碱性成分，可将酸奶残存在牙齿上的酸类物质加以中和，有效地保护牙齿健康。